Das Gesetz

betreffend die

elektrischen Maasseinheiten

und

seine technische und wirthschaftliche Bedeutung.

Von

Dr. W. Kohlrausch,

Geheimer Regierungsrath
und Professor an der Technischen Hochschule zu Hannover.

Berlin.   1899.   **München.**
Julius Springer.   R. Oldenbourg.

Inhalt.

Diese Abhandlung hat den Zweck, die deutsche elektrotechnische Industrie und die sonst an der weiteren Ausarbeitung des in Rede stehenden Gesetzes interessirten Kreise auf die grosse technische und wirthschaftliche Bedeutung des Gesetzes hinzuweisen, die bisher für Handel und Verkehr bestehenden ähnlichen Bestimmungen und Gesetze kurz zu erläutern und im Anschluss daran die Fragen zu erörtern, welche bei der weiteren Ausarbeitung des Elektricitätsgesetzes zu lösen sein werden. Vielleicht enthält die Arbeit auch einige für die bei Ausarbeitung des Gesetzes betheiligten Behörden brauchbare Erfahrungen und Winke.

Der Entwurf des Gesetzes, betreffend die elektrischen Maasseinheiten, die Begründung des Entwurfs und das zu dem Entwurf erstattete Gutachten des Verbandes deutscher Elektrotechniker vom 15. Juli 1897 ist aus den Heften 12 und 13 des laufenden Jahrgangs der Elektrotechnischen Zeitschrift bekannt.

Inzwischen hat der Reichstag am 30. April 1898 den Entwurf in der Fassung zum Gesetz erhoben, wie sie in Heft 12. 1898. Seite 195 der Elektrotechnischen Zeitschrift gegeben ist. Nur die vorgeschlagene Schreibweise Amper ist in Ampere geändert und das Wort „Energie" durch „Arbeit" ersetzt worden.

Das Gesetz wird nach Ablauf einiger Jahre zunächst zur Folge haben, dass an diejenigen Zähler, nach deren Angaben die gewerbmässige Abgabe von elektrischer Arbeit vergütet wird, gesetzlich bestimmte Anforderungen bezüglich ihrer Richtigkeit und der ihren Angaben zu Grunde liegenden Einheiten gestellt werden.

Solche Anforderungen werden bekanntlich im öffentlichen Verkehr an Waagen, Gewichte und sonstige Messgeräthe schon seit langen Jahren gestellt, und es liegen auf diesem Gebiete weitgehende Erfahrungen über den Einfluss vor, welchen die praktische Ausführung solcher Gesetze auf Handel und Verkehr ausübt.

Die Maass- und Gewichtsordnung für das Deutsche Reich*) (weiterhin abgekürzt „M. u. G. O.") spielt im bisherigen Handel und Verkehr dieselbe Rolle, welche in Zukunft das Gesetz, betreffend die elektrischen Maasseinheiten (weiterhin abgekürzt „E. G."), nebst den dazu zu erlassenden Verordnungen für den Handel mit elektrischer Arbeit spielen wird.

Um den betheiligten Kreisen einen Ueberblick über die Tragweite des „E. G." zu geben, will ich dessen einzelne Paragraphen besprechen und ihre praktische Bedeutung soweit erforderlich unter Heranziehung der entsprechenden Artikel der „M. u. G. O." nebst der thatsächlichen praktischen Bedeutung der letzteren erläutern.

---

*) Die M. u. G. O. umfasst die M. u. G. O. für den Norddeutschen Bund vom 17. August 1868 (Bundesgesetz-Blatt 1868 Seite 473) und die Reichsgesetze vom 7. Dezember 1873, vom 11. Juli 1884 und vom 26. April 1893 (Reichsgesetzblatt 1873 S. 377, 1884 S. 115, 1893. S. 151).

§ 1—6 des Gesetzes.

§ 1 setzt als gesetzliche Einheiten für elektrische Messungen fest, das Ohm, das Ampere und das Volt.

In dem Gutachten des Verbandes deutscher Elektrotechniker (weiterhin abgekürzt „V. G.") wird gefordert, dass auch das Watt als Einheit der elektrischen Leistung sofort gesetzlich festgelegt werden möge. Ich komme später noch auf diese nicht erfüllte Forderung zurück.

Das „V. G." hat ferner wohl in Uebereinstimmung mit den meisten Elektrotechnikern der Praxis die technisch ganz ausschliesslich gebräuchliche Schreibweise Ampère an Stelle der im Entwurf vorgeschlagenen Schreibweise Amper gefordert. Die Schreibweise Ampere ist das Resultat der betreffenden Reichstagsverhandlungen. Die Begründung sagt darüber, dass die Schreibweise Ampère, deren allgemeine Einbürgerung sie zugiebt, wegen des der deutschen Sprache fremden Accents im Gesetze nicht angängig sei. Es kommt schliesslich nicht viel auf den Accent an, und man wird sich in Deutschland bald an dessen Verlust gewöhnen, wenn man auch über dergleichen Kürzungen verschiedener Ansicht sein kann.

Die §§ 2, 3, 4 definiren das Ohm, das Ampere und das Volt, und zwar das letztere aus den beiden ersteren mit Hülfe des Ohm'schen Gesetzes.

Dem Gefühl der Mehrheit der Elektrotechniker würde es entsprochen haben, wenn das Ohm aus dem Volt und dem Ampere definirt wäre, indem man eins der Normalelemente (Clark oder Weston) zur Definition des Volt heranzog. Das „E G." schlägt aber hier in Uebereinstimmung mit den internationalen Konferenzen den zweifellos richtigen Weg ein, von den beiden bereits jetzt

1*

genügend sicher definirbaren Grössen Ohm und Ampere auszugehen, um eine gesetzliche Grundlage zu geben, welche durch fernere wissenschaftliche Forschung innerhalb der praktischen Bedürfnisse inbezug auf Sicherheit der Definitionen nicht mehr erschüttert werden kann.

§ 5 ermächtigt unter a den Bundesrath, die Versuchsbedingungen für die elektrolytische Bestimmung des Ampere festzusetzen. Diese Bestimmung kommt wesentlich darauf hinaus, dass die Physikalisch-Technische Reichsanstalt (weiterhin abgekürzt „P. T. R.") die Form der Elektroden, die Stromdichte, die Koncentration der Silbernitratlösung und ähnliche Bedingungen für die Silberabscheidung feststellt. Nach dem heutigen Stande der Messungsmethoden wird freilich die Anwendung des Silbervoltameters in der Praxis selten vorkommen, da die Normalelemente unter Anwendung der Kompensationsmethode Messungsarten an die Hand geben, welche der voltametrischen dadurch überlegen sind, dass sie Momentanbestimmungen zu machen erlauben.

§ 5 b ermächtigt ferner den Bundesrath, die Einheiten der Elektricitätsmenge, der elektrischen Arbeit, Leistung, Kapazität und Induktion festzusetzen.

Das „V. G." hatte vorgeschlagen, die elektrische Arbeit und die Leistung im Gesetz zu definiren, während das Gesetz diese Definition der Verordnung vorbehält. Letzteres ist gewiss zweckmässig, denn das Gesetz hätte sonst mathematische Formeln und Definitionen aufnehmen müssen, die in der Gesetzgebung bis jetzt nicht gebräuchlich sind.

Für die Definition der Arbeit und der Leistung des Gleichstromes bedarf es keines Gesetzes, denn dieselbe kann niemals Jemand anders definiren, als das Gesetz es hätte thun können.

Die Definition der Arbeit und der Leistung für Wechselstrom und dessen Varianten würde aber in der von dem V. G. vorgeschlagenen Fassung nur eine F o r m sein, die allerdings jedem Sachverständigen geläufig ist, deren strenger Ausdruck aber nur unter Anwendung mathematischer Formeln für die einzelnen Wechselstromarten gegeben werden kann. Es ist zweifellos richtiger, nicht mitten in die Entwicklung dieser Stromformen durch gesetzliche Festsetzungen einzugreifen, sondern abzuwarten, bis eine weitere Abklärung in der Anwendung der verschiedenen Wechselstromformen eingetreten ist, und dann zu versuchen, durch Verordnungen von anfangs möglichst allgemeiner Form die Leistungen dieser Stromarten so festzulegen, dass den ferneren Fortschritten der Praxis und der Wissenschaft jederzeit die bestehenden Verordnungen leicht durch Abänderung oder engere Definirung angepasst werden können.

§ 5 d trägt diesem Bedürfniss und damit, soweit das zur Zeit zweckmässig ist, auch dem entsprechenden Antrage des „V. G." Rechnung.

§ 5 c ermächtigt den Bundesrath, Bezeichnungen für die Vielfachen und die Theile der elektrischen Einheiten vorzuschreiben. Wie diese Bezeichnungen ausfallen werden, wenn sie ausgeschrieben erscheinen (Megohm, Kilowatt, Milliampere, Mikrofarad etc.), kann kaum zweifelhaft sein. Die im Maass- und Gewichtssystem zum Theil üblichen Zusammensetzungen mit deci, centi, deka und hekto wird man ebenfalls wohl zulassen, damit sie erforderlichen Falles verwendet werden können. Jedenfalls schadet die Zulassung nicht, und sie wird eventuell nützlich sein. Zweckmässig ist ausserdem, dass auch die ab-

gekürzten Bezeichnungen für elektrische Grössen, entsprechend der ebenfalls vom Bundesrath unter dem 20. No-
vember 1877 erlassenen Verordnung für das übrige Maass- und
Gewichtswesen (z. B. kg für Kilogramm, g für Gramm, l für
Liter, a für Ar, t für Tonne) vorgeschrieben werden. Es wäre
sehr zu wünschen, dass für die abgekürzten Bezeichnungen
elektrischer Einheiten nicht einzelne Buchstaben, sondern
mindestens Doppelbuchstaben gewählt werden, etwa am
für Ampere, ast oder amst für Amperestunde, vt für Volt,
wt für Watt, wst für Wattstunde, ohm stets ausgeschrieben, fd für Farad, cb für Coulomb, qd od hy für
Quadrant oder Henry. Jeder, der mit Formeln viel umzu-
gehen hat, weiss, welche Schwierigkeit es macht, für
das Rechnen jedem Begriff einen besonderen Buchstaben zu geben, und wie oft man zu den unbequemen
Indices greifen muss, um Verwirrungen zu vermeiden.
Wenn noch mehr Einzelbuchstaben für die gesetzlichen
Bezeichnungen der elektrischen Einheiten fest beansprucht
werden sollten, so wachsen die Schwierigkeiten für das
Formelrechnen weiter in unerträglicher Weise. Dass 3 der
4 üblichen und kaum zu umgehenden Nebenbezeichnungen
mega, kilo, milli und mikro mit dem Buchstaben m anfangen und sich nur bei Einführung von 2 Buchstaben
mg, ml, mk als Abkürzungsbezeichnung genügend unterscheiden lassen, wird ausserdem Schwierigkeiten machen.
Man braucht aber hier nicht alle Bezeichnungen konsequent
durchzuarbeiten. Praktische Bedeutung haben bisher wohl
nur Megohm, Milliampere, Kilowatt, Kilowattstunde und Mikrofarad. Mit den abgekürzten Bezeichnungen durch kleine
lateinische Buchstaben, welche allerdings den bisher in der
Literatur gebräuchlichen Abkürzungen nicht entsprechen,
wird sich die Industrie abfinden müssen, da im Maass-
und Gewichtswesen allgemein kleine lateinische Buch-

staben amtlich vorgeschrieben sind. Deshalb wird auch das viel gebräuchliche, übrigens sehr unbequem zu schreibende Ω für Ohm kaum zur Einführung gelangen. Griechische Buchstaben sind ohnehin für die amtliche Bezeichnung wohl ausgeschlossen, da sie für die Mehrzahl des betheiligten Publikums unlesbar sind.

§ 6 schreibt für die gewerbsmässige Abgabe elektrischer Arbeit den Gebrauch richtiger Messgeräthe vor, deren Angaben auf den gesetzlichen Einheiten beruhen, und ermächtigt den Bundesrath, nach Anhörung der „P. T R." die grössten zulässigen Fehler (Fehlergrenzen) festzusetzen und Bestimmungen über amtliche Beglaubigung und Ueberwachung der Messgeräthe zu erlassen.

Das „V. G." fordert die gesetzliche Definition für das Watt und für die Wattstunde, damit die Bestimmungen des § 6 durch die Elektricitätszähler überhaupt erfüllt werden können, denn die Angaben der Zähler erfolgen meistens nach Wattstunden, niemals nach Ampere, Ohm und Volt.

Diese Forderung des „V. G." ist im Gesetze nicht erfüllt und brauchte nicht erfüllt zu werden, da das Gesetz nicht fordert, dass die Angaben der Messwerkzeuge in den gesetzlichen Einheiten erfolgen, sondern nur dass sie auf den gesetzlichen Einheiten beruhen. Die Begründung zum „E. G." lässt über die Bedeutung dieses Wortlautes keinen Zweifel.

Nun wird aber durch § 5 b der Bundesrath ermächtigt, Bezeichnungen für die Einheiten der Elektricitätsmenge, der elektrischen Arbeit und Leistung, der elektrischen Kapazität und der elektrischen Induktion festzusetzen.

Die Festsetzung dieser Bezeichnungen erfordert aber zugleich die Definition der zu bezeichnenden Einheiten, wenn auch das Gesetz eine solche Definition nicht ausdrücklich vorsieht. Die Definition dieser Einheiten (Coulomb, Amperestunde, Watt, Wattstunde, Farad, Quadrant oder Henry) kann aber nur auf den gesetzlichen Einheiten (Ampere, Ohm und Volt) beruhen. Folglich beruhen auch die Angaben von Messwerkzeugen nach Wattstunden und Amperestunden auf den gesetzlichen Einheiten. Für die bei konstanter Spannung und konstantem Stromverbrauch gelegentlich verwendeten einfachen Zeitzähler würde, falls man diese Messwerkzeuge nicht zweckmässiger ganz fallen lassen will, die Verordnung des Bundesraths allerdings besondere Vorschriften enthalten müssen, die sich aber dem Gesetze ohne Zwang anpassen lassen. Die Angaben der Wattstundenzähler und Amperestundenzähler beruhen ohne Weiteres auf den gesetzlichen Einheiten, sobald der Bundesrath die Wattstunde (die Einheit der elektrischen Arbeit) und die Amperestunde (die technisch gebräuchliche Einheit der Elektricitätsmenge) für Gleichstrom und für Wechselstrom pp. beruhend auf den gesetzlichen Einheiten (Ampere, Ohm und Volt) definirt und ihre Bezeichnung festgesetzt hat.

Zu überlegen wird sein, ob nicht auch die Zeiteinheit, wenn auch über ihre Bedeutung kein Zweifel sein kann, im Verordnungswege definirt werden muss. Das hier besprochene und viele andere Gesetze enthalten allerdings bereits Zeitbezeichnungen. Aber die Sekunde als Einheit der Zeit im wissenschaftlichen Sinne ist meines Wissens gesetzlich bisher nicht definirt. Juristisch wird allerdings kein Zweifel entstehen können, dass die Sekunde und die Stunde nach bürgerlicher und nicht nach astronomischer Zeit zu rechnen sind.

Die besondere Bedeutung des § 6 des Gesetzes.

In dem § 6 liegt die Hauptbedeutung des Gesetzes für Industrie und Verkehr. Derselbe unterscheidet sich dadurch von dem gleichbedeutenden Artikel 10 der „M. u. G. O.", dass

1. letzterer die amtliche Stempelung der im öffentlichen Verkehr angewendeten Maasse, Gewichte und Waagen allgemein gesetzlich vorschreibt, während das „E. G." zunächst nur den Gebrauch richtiger Messgeräthe fordert, deren Angaben auf den gesetzlichen Einheiten beruhen, und die amtliche Beglaubigung und Ueberwachung derselben der späteren Verordnung überlässt,

2. die „M. u. G. O." vom öffentlichen Verkehr, dagegen das „E. G." von gewerbsmässiger Abgabe redet,

3. dass der Bundesrath ermächtigt ist, nach der „M. u. G. O." Artikel 10 die Fehlergrenzen für den öffentlichen Verkehr (Verkehrsfehlergrenzen), dagegen nach dem „E. G." die Fehlergrenzen schlechthin festzusetzen.

Zu § 6. 1 sagt die Begründung, dass ein Beglaubigungszwang nebst Stempelzwang für elektrische Messgeräthe (es kommen wesentlich nur Zähler für die gewerbsmässige Abgabe in Frage) nicht sofort eingeführt werden könne, da die heutigen Zähler zum Theil nicht ohne Zerlegung transportirt werden können, da ferner in den heutigen Zählern ein zu bedeutendes Kapital steckt, um ihre Anwendung theilweise ohne Weiteres zu verbieten, und da endlich Zähler-Konstruktionen im Gebrauch sind, die, ohne beglaubigungsfähig zu sein, doch andere Vortheile bieten, welche ihren Weitergebrauch empfehlen.

Die beiden ersten Gründe sind an sich einleuchtend, der letzte Grund ist nicht näher ausgeführt, und da Vorschriften über die Beglaubigungsfähigkeit elektrischer Messgeräthe bisher überhaupt nicht bestehen, so überrascht es, dass bestimmte Zähler bereits jetzt als nicht beglaubigungsfähig bezeichnet werden. Folgendes kann vielleicht zur Aufklärung dienen.

Die „M. u. G. O." betraut die Kaiserliche Normal-Aichungs-Kommission (weiterhin abgekürzt „K. N. A. K.") in Artikel 18 mit dem Erlass aller zur Durchführung der „M. u. G. O." erforderlichen technischen Einzelvorschriften, ebenso wie das „E. G." die „P. T. R." durch § 10 in gleicher Weise ermächtigt. Die „K. N. A. K." hat daraufhin am 24. Dezember 1884 die „Aichordnung" erlassen, welche im Wesentlichen Grösse, Beschaffenheit, Bezeichnung, Form, Material, Stempelung und diejenigen Fehlergrenzen vorschreibt, welche innegehalten werden müssen, damit das betreffende Messgeräth geaicht werden kann (Aichfehlergrenzen).

Die Vorschriften dieser Aichordnung suchen nun durchweg zu erreichen, dass ein geaichtes Messgeräth so beschaffen und durch die Art der Anbringung der amtlichen Stempel, deren oft eine ganze Anzahl für ein Messgeräth vorgeschrieben ist, so gesichert sein soll, dass seine Angaben nicht willkürlich geändert werden können, ohne die Stempel zu verletzen oder seine Form sichtlich zu verändern, ferner, dass es innerhalb der Fehlergrenzen ohne besondere Nachhülfe richtig misst, oder dass es, wenn eine solche Nachhülfe unvermeidlich ist (wie z. B. bei Gasmessern mit Wasserfüllung das gelegentliche Nachfüllen von Wasser), garnicht mehr funktionirt, wenn diese Nachhülfe vergessen wird. (Nasse Gasmesser sperren selbstthätig durch ein Ventil den Gasdurchgang ab, ehe sie infolge zu niedrigen Wasserstandes anfangen, unrichtig zu messen.)

Da nun eine grosse und wichtige Gruppe der heute gebräuchlichen Elektricitätszähler periodisches Aufziehen eines Uhrwerks verlangt, damit sie richtig messen, so könnte vielleicht die Begründung zum „E. G." diese Zählerkonstruktion schon jetzt vor Erlass irgend welcher technischen Specialvorschriften grundsätzlich als nicht beglaubigungsfähig bezeichnet haben. Diese Bezeichnung würde aber nach Analogie der Gasmesser nicht mehr zutreffen, sobald vor dem Ablaufen des Uhrwerks der Zähler den Stromdurchgang selbstthätig unterbricht. Dass diese Zähler andere Vorzüge haben, welche gemäss dem Inhalte der Begründung ihre Beibehaltung empfehlen, ist bekannt. Dass der wenig gebräuchliche nur für Abgabe eines bestimmten Stromes bei gegebener Spannung gelegentlich angewendete reine Zeitzähler in der Begründung gemeint sein könnte, ist wenig wahrscheinlich. Andere Zählarten aber jetzt schon allgemein als nicht beglaubigungsfähig zu bezeichnen, dürfte nach den Erfahrungen im bisher gesetzlich geordneten Maass- und Gewichtswesen kaum ein Grund vorliegen.

Jedenfalls ist es von grossem Vortheil für die Fabrikanten der elektrischen Messgeräthe, dass das „E. G.", sobald es in Kraft tritt, zunächst nur innerhalb der Fehlergrenzen richtige Angaben verlangt, welche auf den gesetzlichen Einheiten beruhen und überdies zulässt, dass die Verbrauchswerthe nicht direkt abgelesen zu werden brauchen, sondern dass es eine „Konstante" zur Errechnung der Verbrauchswerthe aus den Angaben des Messgeräthes (zufolge der Begründung) zulässt. Damit ist der Entwickelung der Konstruktionen elektrischer Zähler ein weiter Spielraum gelassen, und es kann nicht dringend genug der Wunsch ausgesprochen werden, dass die in Aussicht gestellten Verordnungen über Beglaubigung oder Aichung der Zähler nicht zu früh und zunächt in so allgemeiner Form ergehen, dass die Entwickelung nach keiner Richtung gehemmt werde.

Es kamen ja bisher ohne gesetzliche Vorschriften über Einheiten und Messgeräthe verhältnissmässig selten ernstliche Differenzen zwischen Lieferanten und Abnehmern elektrischer Arbeit vor; und nur solche Differenzen zu vermeiden oder zu regeln, sollte als Zweck des „E. G." aufgefasst werden. Amtliche Vorschriften technischer Art schränken unter allen Umständen die industriellen Fortschritte ein, und zwar um so mehr, je specieller sie gefasst sind und je reger die betreffende Industrie vorwärts geht. Einen regeren Fortschritt als den der elektrischen Industrie hat aber noch niemals eine andere Industrie gezeigt. So lange also die elektrische Industrie und der Verkehr in elektrischen Werthen sich selbst helfen können, ohne dass wesentliche Schwierigkeiten eintreten, ist es im Interesse beider durchaus wünschenswerth, dass amtlich so wenig wie irgend möglich eingegriffen, d. h. beschränkt wird.

Zu § 6 unter 2, Seite 9 ist zu bemerken, dass unter „öffentlichem Verkehr" im Sinne der „M. u. G. O." der Handelsverkehr verstanden wird, welcher Jedermann (quivis ex populo) als Käufer oder Verkäufer zulässt, und dass daher der Handelsverkehr innerhalb der Mitglieder einer Genossenschaft (z. B. Molkereigenossenschaft) oder eines Konsumvereins mit beschränkter Mitgliederzahl dem „öffentlichen Verkehr" nicht gleichsteht. Auch der Handelsverkehr eines Gutsherrn oder eines Fabrikanten mit seinen Arbeitern ist kein „öffentlicher Verkehr", da die Arbeiter zu dem Arbeitgeber im Vertragsverhältniss stehen, und da nicht Jeder an diesem Verkehr theilnehmen kann. Für den Verkauf von Leuchtgas bestehen allerdings Aichvorschriften für die Gasmesser, aber da nicht Jedermann Leuchtgas kaufen kann, sondern nur der, dessen Gasleitung an das Rohrnetz der Gasanstalt angeschlossen ist, und da ferner dieser Anschluss und die Abgabe von Leuchtgas an den Abnehmer überall voraussetzt, dass der Letztere besondere Vertragsbedingungen anerkennt, bei deren Verletzung die Gasanstalt das Recht hat, die Lieferung einzustellen, so erscheint es mindestens zweifelhaft, und ist meines Wissens bisher nicht gerichtlich entschieden, ob der Gasverbrauch ein „öffentlicher Verkehr" ist. Artikel 13 der „M. u. G. O." bestimmt nach dieser Richtung besonders: „Gasmesser, nach welchen die Vergütung für den Verbrauch von Leuchtgas bestimmt wird, sollen gehörig gestempelt sein."

Genau so wie bei der Gaslieferung liegen aber die Verhältnisse bei der Lieferung elektrischer Arbeit. Und das dürfte der Grund sein dafür, das im „E. G." die Bezeichnung „öffentlicher Verkehr" aus der „M. u. G. O." nicht übernommen ist, sondern dass auf die „gewerbsmässige Abgabe" elektrischer Arbeit, die bei jedem wiederholten Verkauf auch bei beschränktem Kundenkreise vorliegt, die Vorschriften des „E. G." erstreckt sind.

Die im § 6 oben unter 3, Seite 9 erwähnte Abweichung des „E. G." von der „M. u. G. O." betreffend die Festsetzung der Fehlergrenzen ist belanglos. Die im „E. G." erwähnten „äussersten Grenzen der zu duldenden Abweichungen von der Richtigkeit" können nur die Fehlergrenzen für die gewerbsmässige Abgabe, also die Verkehrsfehlergrenzen sein, denn der § 6 al. 1 bezieht sich nur auf die gewerbsmässige Abgabe.

Die Fehlergrenzen im bisherigen Verkehr.

Die Festsetzung der Verkehrsfehlergrenzen ist beinahe

der wichtigste Punkt des ganzen „E. G.", und sie kann verhängnissvoll werden, falls sie so gehandhabt werden sollte, wie sie in der zu der „M. u. G. O." erlassenen Verordnung des Bundesraths vom 27. Juli 1885 gehandhabt ist.

Wie oben erwähnt, hat nämlich die „K. N. A. K." durch die Aichordnung vom 24. Dezember 1884 unter anderem die Aichfehlergrenzen auf Grund des Artikels 18 der „M. u. G. O." festgesetzt. Die Aichfehlergrenze ist derjenige Betrag, bis zu welchem die Angabe eines Messgeräthes von den Normalen des Aichamts abweichen darf, damit das Messgeräth noch gestempelt und dadurch für verkehrsfähig erklärt werden darf. Erst wenn der Betrag dieser Abweichung die Verkehrsfehlergrenze überschreitet, ist das Messgeräth nicht mehr verkehrsfähig und der Gebrauch desselben im öffentlichen Verkehr strafbar. Zweckmässiger Weise ist für die Grösse der Aichfehlergrenzen der verschiedenartigen Messgeräthe die Frage massgebend gewesen, mit welcher Genauigkeit die Messgeräthe zu einem angemessenen Preise fabrizirt, und innerhalb welcher Grenzen die Richtigkeit derselben von den Aichämtern unter Anwendung einfacher Normalmessgeräthe geprüft oder hergestellt werden kann. Naturgemäss ergeben sich auf dieser Grundlage für die Bemessung der Aichfehlergrenzen ganz verschiedene prozentische Werthe für die verschiedenartigen Messgeräthe.

Ich führe einige Beispiele für die Aichfehlergrenzen an, welche für die bisherigen Messgeräthe des gewöhnlichen Handels und Verkehrs vorgeschrieben sind.

Handelsgewichte:

Betrag . . . . . . :	50	10	1 kg	100	10	1 g
Aichfehler-⎱ absolut:	5	2,5	0,4g	60	20	10 mg
grenzen ⎰ prozentisch:	0,01	0,025	0,04	0,06	0,2	1 %.

Dezimal- und Centesimalwaagen von 20 kg bis 50 000 kg Tragfähigkeit haben bei der grössten Last 0,06 %, bei $^1/_{10}$ der grössten Last 0,12 % Aichfehlergrenze, d. h. sie sollen, um aichfähig zu sein, also um Anspruch auf amtliche Stempelung zu haben, eine deutlich erkennbare Abweichung von der Gleichgewichtslage zeigen, wenn mit Rücksicht auf die Uebersetzung (Dezimal oder Centesimal) die beiderseits aufgesetzten Gewichtsbeträge sich bei voller Last um 0,06 %, bei $^1/_{10}$ der vollen Last um 0,12 % unterscheiden.

Gleicharmige Balken- und Tafelwaagen haben bei voller bezw. $^1/_{10}$ Belastung für eine Tragfähigkeit von 20 bis 200 g 0,2 % bezw. 0,4 %, von 250 g bis 5 kg 0,1 % bezw. 0,2 %, von 6 kg bis 300 kg 0,05 % bezw. 0,1 % Aichfehlergrenze.

Werkmaassstäbe haben für die Gesamtlänge von 1 bis 10 m 1 bis 6 mm, also 0,1 bis 0,6 Aichfehlergrenze.

Flüssigkeitsmaasse haben von 1 bis 20 l Inhalt 2,5 bis 50 ccm, also 0,25 % Aichfehlergrenze.

Fässer haben für jeden Inhalt von 30 l aufwärts eine Aichfehlergrenze von 0,33 %.

Gasmesser, deren Prüfung deshalb besonders unsicher ist, weil eine Temperaturdifferenz des Gases in dem zu prüfenden Gasmesser gegen das Gas im Normalapparat von 2,7° bereits 1 % Fehler zur Folge hat, haben für alle Grössen eine Aichfehlergrenze von 2 %.

Diese von der „K. N. A. K." nach der bequem erreichbaren Prüfungsgenauigkeit im Verein mit der zu brauchbarem Preise erreichbaren Fabrikationssicherheit festgesetzten Aichfehlergrenzen bewegen sich demnach zwischen 0,01 % für das 50 kg Stück und 2 % für die Gasmesser. Soweit ist alles gut und in Ordnung. Die Fabrikanten können diese Fehlergrenzen gut innehalten und die

Aichämter können leicht auf diese Fehlergrenzen prüfen, bezw. berichtigen.

Auf Grund des Artikels 10 der „M. u. G. O." hat nun aber der Bundesrath nach Vernehmung der „K. N. A. K." also zweifellos auf Anrathen derselben, $1/2$ Jahr nach Erscheinen der Aichordnung die Verkehrsfehlergrenzen durchweg auf den doppelten Betrag der Aichfehlergrenzen festgestellt, und das ist ein schwerer Missgriff. Im Verkehr ist ein Gasmesser zulässig, der bis zu 4 % Fehler hat, während das 50 kg Stück bereits bei mehr als 0,02 % d. h. 10 g Fehler verkehrsunfähig wird. Es ist undenkbar, dass das Verkehrsinteresse vom 50 kg Stück eine Genauigkeit von ± 0,02 % verlangt, wenn es beim Gasmesser 4 %, also den 200fachen Betrag der Ungenauigkeit erträgt.

Der Einfluss des bei einem Messgeräth vorhandenen Fehlers macht sich für die Messungen in verschiedener Weise geltend. Für diejenigen Messgeräthe, welche allein d. h. ohne Zuhilfenahme von Messgeräthen anderer Art das Resultat einer Messung ergeben, für Flüssigkeitsmaasse, sonstige Hohlmaasse, Fässer und Gasmesser erscheint der Fehler des Messgeräthes in seinem einfachen Betrage im Messungsergebniss. Messgeräthe (z. B. Gewichte und Waagen), welche in Kombination zu zweien (also durch eine Wägung) ein Messungsergebniss liefern, lassen die algebraische Summe ihrer Fehler im Messungsergebniss erscheinen. Bei einer einfachen Längenmessung tritt der einfache Fehler des Maassstabes auf; wird aber auf Grund von Längenmessungen der Inhalt von Flächen oder von Hohlräumen berechnet, so kommt der Fehler der Maassstäbe im Resultat in seinem doppelten oder dreifachen Betrage zur Geltung, denn bei Vernachlässigung von Fehlern höherer Ordnung ist $(1 \pm \delta)^n = 1 \pm n\delta$, so lange der Fehler δ klein bleibt gegen 1.

Danach würde, wenn man eine für alle Messgeräthe prozentisch gleiche Verkehrsfehlergrenze festsetzen könnte, diese je nach der Art der Entstehung des Messungsergebnisses im einfachen, doppelten oder dreifachen Betrage in das Messungsergebniss eingehen.

Die Aufgabe, welche zu lösen gewesen wäre, um zweckmässige Verkehrsfehlergrenzen zu finden, würde nun zunächst die gewesen sein, zu ermitteln, welche Ungenauigkeit der Messung im Verkehr noch ertragen wird, ohne zu Differenzen zwischen Käufer und Verkäufer zu führen. Der Verkehr mit Leuchtgas, in welchem jährlich ganz ungeheure Summen umgesetzt werden, hat seit langer Zeit gezeigt, dass $\pm\,4\,\%$ Unsicherheit ohne Schwierigkeit ertragen werden. Man kann allerdings hier einwenden, dass der Konsument seinen Leuchtgasverbrauch nicht bis auf $4\,\%$ beurtheilen kann, und deshalb keine Reklamationen bei $4\,\%$ Minderlieferung macht, dass er es sich aber z. B. nicht gefallen lassen würde, wenn ein Cigarrenlieferant ihm 96 für den Preis von 100 Cigarren verkaufen wollte. Aber wer hat denn je den Inhalt einer Cigarrenkiste nachgezählt? Wenn der Konsument die empfangenen Waren nachwägt und auf 1 kg Lieferung 40 g Differenz findet, falls er überhaupt so genau wägen kann, so wird er deshalb kaum einen Zahlungsabzug machen. Auch der Verkäufer pflegt in dieser Hinsicht nicht schwierig zu sein. Ich erinnere an den Kleinverkauf nach Gewicht, wo gern ein Ausschlag zu Gunsten des Käufers gewährt wird, ferner an den Handel mit Langwaren, bei dem wohl stets die Schere dem Meterstabe um einige Prozent vorgreift.

Dass im Kleinhandel die Abweichung des wirklichen Werthes einer Lieferung um $4\,\%$ von dem Sollwerthe ohne erhebliche Schwierigkeit ertragen wird, ist wohl ausser allem Zweifel.

Anders liegt es im Grossverkehr, wenn man genauer messen kann. Eine Lieferung von 1000 kg Zucker oder dergleichen wird der Empfänger wahrscheinlich beanstanden, wenn z. B. 10 kg daran fehlen, aber bei einem Fehlbetrag von z. B. 2 kg wird er die Sendung glatt übernehmen. Lässt sich aber der wirkliche Werth einer Lieferung nicht mit derartiger Genauigkeit feststellen, so entstehen auch im Grossverkehr daraus keine Schwierigkeiten. Ich erinnere an den Holzverkauf nach Rauminhalt, der anstandslos erfolgt, an den schon erwähnten Leuchtgasverkehr, an die Uebernahme grosser Erdarbeiten nach Rauminhalt der zu bewegenden Erdmassen u. s. w. Ich erinnere ferner daran, dass bei sehr vielen Waaren die Qualität nicht annähernd mit derselben Sicherheit beurtheilt werden kann, wie die Quantität, dass die unkontrolirbare Aenderung des Feuchtigkeitsgehaltes den wahren Werth der gewogenen Lieferungen oft sehr stark beeinflusst und endlich daran, dass auch im Grossverkehr 3 Monate Ziel für die Zahlungen vielfach üblich ist, ohne dass bei sofortiger Zahlung $1\,^0/_0$, entsprechend $4\,^0/_0$ Jahreszinsen, vergütet wird. Im Kleinverkehr auf Kredit, bei welchem jährlich einmal, höchstens zweimal Rechnung gestellt zu werden pflegt, und wo auch bei längerer Kreditirung meistens noch keine Verzugszinsen berechnet werden, wird mit einer Unsicherheit der Zahlung für die gelieferten Werthe von $2-5\,^0/_0$ ohne Weiteres gerechnet. Es giebt nur wenige Handelszweige, in welchen der Konsument bei Baarzahlung einen Rabatt zu erhalten pflegt. Dort verlangt er ihn allerdings auch gewohnheitsmässig. Aber dass in anderen Handelszweigen ein solcher Rabatt nicht üblich ist und auch nicht gefordert wird, genügt zum Nachweis, dass im allgemeinen bei mässigen Werthen eine „Verkehrsfehlergrenze" von mehreren Prozenten ohne Schwierigkeit ertragen wird.

Aus dem Vorstehenden geht aber auch hervor, dass
die zulässige Verkehrsfehlergrenze im Grossverkehr, wenn
die mögliche Messungsgenauigkeit es zulässt, enger gezogen werden sollte, als im Kleinverkehr.

Ein sehr nahe liegender Einwand gegen die Zulässigkeit erheblicher Verkehrsfehlergrenzen überhaupt ist der
Hinweis auf den eigentlichen Geldverkehr, bei welchem
auch bei grossen Zahlungen auf den Pfennig gerechnet
zu werden pflegt. Aber wären 10 Pfennig unsere kleinste
Münzeinheit, so würde man auf diese Einheit ohne Bedenken abrunden, wie es zum Beispiel ausschliesslich
wegen der Bequemlichkeit des Rechnens und des Geld-
wechselns bei der Berechnung der Eisenbahnfahrpreise
geschieht. Das reisende Publikum erträgt diese Abrundung
nach oben, welche bei kurzen Strecken oft relativ sehr
erheblich ist, ohne Bedenken. Ich erinnere in dieser Beziehung ausserdem daran, dass bei Uebermittelung von
Zahlungen durch Postanweisung der Absender den
Empfänger wohl in den allermeisten Fällen das Bestellgeld
zahlen lässt, dass der Staat sogar dem Empfänger meistens
auch das Porto zu tragen aufbürdet, ohne dass dadurch
Weiterungen entstehen.

Aus alledem geht hervor, dass Verkehrsfehler sowohl
bei Lieferungen als auch bei Zahlungen in ziemlich weiten
Grenzen ertragen werden und dass vor allen Dingen die
Verkehrsfehlergrenzen für Messgeräthe von ganz anderen
Gesichtspunkten aus festgelegt werden müssen, als die
Aichfehlergrenzen.

Für die Grösse der Aichfehlergrenze ist die Frage
preiswürdiger Fabrikation der Messgeräthe und einfacher
Kontrole der Fehler durch die Aichämter massgebend. Für
die Grösse der Verkehrsfehlergrenze spielen aber gerade
diese Fragen gar keine Rolle. Deshalb ist es beklagens-

werth, dass bisher im gewöhnlichen Handel und Verkehr die Verkehrsfehlergrenze gleich dem doppelten Werthe der Aichfehlergrenze allgemein festgesetzt, also auf falscher Grundlage bemessen ist.

Dabei ist noch folgendes zu beachten. Die öffentlichen Aichämter prüfen die Richtigkeit der zur Aichung vorgelegten Messgeräthe mit Hülfe ihrer Gebrauchsnormale auf Einhaltung der Aichfehlergrenzen. Die amtlichen Gebrauchsnormale dürfen um höchstens $\pm$ vier Zehntel der Aichfehlergrenze von den Kontrolnormalen der Amtsstelle und die letzteren um höchstens $\pm$ ein Zehntel der Aichfehlergrenze von den Hauptnormalen des betreffenden Inspektionsbezirks abweichen. Die Fehler der Hauptnormale pflegen bekannt zu sein und werden bei Prüfung der Kontrolnormale berücksichtigt. Danach ist für die Gebrauchsnormale eine Abweichung von $\pm$ fünf Zehnteln der Aichfehlergrenze von dem Sollwerthe amtlich zugelassen. Nominell gleichwerthige Gebrauchsnormale verschiedener Amtsstellen dürfen also im Maximum um nahezu den vollen Betrag der Aichfehlergrenze von einander verschieden sein, ohne dass sie amtlich als unrichtig gelten können.

Ein Messgeräth werde nun von einer Amtsstelle mit einem Gebrauchsnormal geprüft, welches zulässiger Weise nahe um die halbe Aichfehlergrenze zu klein ist. Das Messgeräth finde sich bei der Prüfung um nahe die Aichfehlergrenze zu klein gegen das Gebrauchsnormal. Es kann daher rechtmässig gestempelt und dem öffentlichen Verkehr übergeben werden. Von dem Sollwerthe weicht es dann um nahezu 1,5 Aichfehlergrenzen nach unten ab. Bei der technischen Revision der Maasse und Gewichte, welche alljährlich oder in längeren Intervallen bei den Gewerbetreibenden durch die Polizeibehörde unter Assistenz

des Aichmeisters einer öffentlichen Amtsstelle vorgenommen
wird, werde dasselbe Messgeräth geprüft mit Hülfe eines
amtlichen Messgeräthes, welches nach gesetzlicher Vorschrift ebenfalls die Fehlergrenzen der Gebrauchsnormale
innehalten soll. Dieses amtliche Messgeräth sei zulässiger
Weise um nahe fünf Zehntel der Aichfehlergrenze zu
gross gegen den Sollwerth. Dann findet sich das zu
prüfende Messgeräth um nahe 1,5 + 0,5 = 2 Aichfehlergrenzen, also um nahezu die Verkehrsfehlergrenze zu klein
gegen das bei der Revision benutzte amtliche Gebrauchsnormal, auch wenn es sich seit seiner Stempelung garnicht
geändert hat. Ist das Messgeräth ein Gewicht, welches
mit der Waage geprüft wird, so kommt noch der zulässige
Fehler der Prüfungswaage mit etwa ± ein Zehntel der Aichfehlergrenze hinzu. Es kann also, wenn ungünstige Umstände zusammentreffen, bei den zur Zeit geltenden gesetzlichen Vorschriften für die im öffentlichen Handel und
Verkehr befindlichen Messgeräthe, ein Messgeräth, welches
soeben amtlich für innerhalb der Aichfehlergrenze richtig
erklärt und dem Verkehr übergeben wurde, am nächsten
Tage bei einer technischen Revision der Maasse und Gewichte ebenfalls amtlich als unrichtig beschlagnahmt
werden, weil sein Fehler die Verkehrsgrenze, die doppelte
Aichfehlergrenze, überschreitet. Das ist wohl der
schlagendste Beweis dafür, dass die Festsetzung der Verkehrsfehlergrenzen gleich dem doppelten Betrage der
Aichfehlergrenzen ein grundsätzlicher Fehler war, und dass
vom allgemeinen Rechtsstandpunkte aus diese Festsetzung
überhaupt verwerflich ist. Denn der Besitzer des erwähnten
Messgeräths wird ausser der Beschlagnahme desselben mit
einer Geldstrafe belegt und kommt, wenn er sich die
Strafe gefallen lässt und dieselbe bekannt wird, bei seinen
Kunden in den üblen Ruf, falsches Maass oder Gewicht

geführt zu haben. Beantragt der Besitzer gerichtliche
Entscheidung gegenüber der polizeilich verfügten Strafe
unter Darlegung des Sachverhalts, so wird ihm wohl
meistens durch das Gutachten der aichamtlichen Aufsichtsbehörde sein Recht werden. Aber nach dem Wortlaute des Gesetzes kann er strafbar sein ohne
jede Schuld, und im günstigsten Falle hat er mindestens
den Aerger und die Unbequemlichkeiten der gerichtlichen
Verhandlung ohne jeden Anspruch auf Entschädigung zu
tragen.

Thatsächlich entstehen besonders den kleinen Gewerbetreibenden durch die über die Messgeräthe in Handel
und Verkehr zur Zeit bestehenden Gesetze und Verordnungen nicht selten Weiterungen, welche sachlich keine
Berechtigung haben, und die hauptsächlich darin begründet
sind, dass die Verkehrsfehlergrenze der Messgeräthe von
der Aichfehlergrenze abhängig gemacht und durch die
Festsetzung gleich dem doppelten Werthe der Aichfehlergrenze zu eng bemessen worden ist.

Die Organisation des bisherigen Aichwesens.

Diese langen und eingehenden Auseinandersetzungen
über die bisher für Handel und Verkehr bestehenden Vorschriften der „Maass- und Gewichtsordnung für das
deutsche Reich" bezüglich der Fehlergrenzen waren erforderlich, um der elektrotechnischen Industrie die grossen
Gefahren darzulegen, welche den gewerbsmässigen Lieferanten elektrischer Arbeit drohen, wenn die vom Bundesrath zu erwartenden Ausführungsbestimmungen zum Elek-
tricitätsgesetz in ähnlicher Weise ergehen, wie sie für das
übrige Maass- und Gewichtswesen erlassen sind und un-
verändert bestehen.

Die Frage, wie solche Gefahren für den Verkehr in elektrischen Werthen abgewendet werden können, soll später erörtert werden.

Um die Bedeutung der ferneren Bestimmungen des „E. G." thunlichst kurz und verständlich erläutern zu können, will ich zunächst die Organisation des bisher für Handel und Verkehr bestehenden Aichwesens kurz darlegen, da sie die besten Anhaltspunkte für die praktische Bedeutung der ferneren Bestimmungen des „E. G." giebt.

Die Vorschriften der „M. u. G. O." beziehen sich auf die Aichung von Längenmaassen, Flüssigkeitsmaassen, Fässern, Hohlmaassen für trockene Körper, Gewichten, Waagen, Thermo-Alkoholometern und Gasmessern. Im deutschen Reiche (ausschliesslich Bayerns) bestehen 23 Aufsichtsbezirke für das Aichwesen, deren Grenzen mit den Landesgrenzen oder den Grenzen der Provinzen zusammenfallen. Für jeden Bezirk besteht eine Aufsichtsbehörde, welche entweder durch den Aichungs-Inspektor oder durch eine Kommission gebildet wird. Die Aufsichtsbehörden unterstehen den Landesregierungen, in Preussen dem Ministerium für Handel und Gewerbe, und erhalten von diesen ihre dienstlichen Anweisungen. In den 11 preussischen Aufsichtsbezirken ist am Sitze der Aichungs-Inspektion je ein Königliches Aichamt errichtet, dessen Beamte (Aichmeister, Rechnungsführer etc.) vom Staate besoldet werden und dessen Einnahmen und Ausgaben auf Rechnung des Staates gehen. In den übrigen 12 Aufsichtsbezirken bestehen ausserdem noch 39 Staatsaichämter. Sämmtlichen Aufsichtsbehörden sind ferner im Ganzen rund 1300 Gemeindeaichämter unterstellt. Die Zahl der Aichämter in einem Aufsichtsbezirk schwankt zwischen 3 und rund 300. Gemeinde-Aichämter werden auf Antrag einer Gemeinde- oder Stadtverwaltung mit Genehmigung der Landesregierung auf Kosten der Gemeinde seitens der Aufsichtsbehörden eingerichtet. Die Gemeinde-Aichmeister beziehen als Vergütung für ihre Thätigkeit meistens einen Theil der eingehenden Aichgebühren, während der andere Theil der Gemeindekasse zufliesst.

Die Gemeinde-Aichmeister sind fast durchweg Handwerker, welche ihr Handwerk weiter betreiben und vor ihrer Anstellung durch eine bei der Aufsichtsbehörde abzulegende Prüfung ihre Befähigung zur Thätigkeit als Aichmeister darthun. Zu diesem Zwecke werden sie meistens in einem Staatsaichamte eine Zeit lang unterwiesen. In den Staatsaichämtern sind ausser gelernten Handwerkern vielfach Militäranwärter als Aichmeister angestellt. Die Staatsaichmeister dürfen keine mit Verdienst verbundene Nebenbeschäftigung haben.

Jedem Aichamte wird je nach den Bedürfnissen seines örtlichen Wirkungskreises auf Vorschlag der Gemeindeverwaltung und nach dem Urtheil des zuständigen Aichungs-Inspektors eine genau abgegrenzte Aichungs-befugniss von der Landesregierung zugewiesen. In den Weingegenden dürfen viele Aichungsämter nur Fässer aichen, andere Aichungsämter aichen Flüssigkeitsmaasse, Gewichte und Waagen bis zu einer Tragfähigkeit von 2000 kg, wieder andere bis zu 10 000 kg oder für jede Tragfähigkeit, andere aichen ausserdem Längenmaasse, Hohlmaasse, und nur wenige auch Gasmesser. Es werden ferner unterschieden Maasse und Gewichte des gewöhnlichen Handels und Verkehrs von den sogenannten Präcisions-Maassen und Gewichten, welche kleinere Fehlergrenzen haben und nur bei einigen Aemtern geaicht werden dürfen. Einige Aichzweige (Goldmünzgewichte etc.) sind wesentlich den Staatsaichämtern vorbehalten.

Je nach seiner Aichbefugniss ist jedes Aichamt mit

den erforderlichen fest vorgeschriebenen Messapparaten, Waagen, Normal-Maassen und Gewichten ausgerüstet, und zwar mit Gebrauchsnormalen, welche zur Prüfung der zu aichenden Messgeräthe dienen und mit Kontrolnormalen, welche nur zur regelmässigen Kontrole der Richtigkeit der Gebrauchsnormale verwendet werden.

Ein besonderer Raum, oder bei grösseren Aemtern mehrere Räume, welche nur dem Personale des Aichamtes, in dessen Gegenwart auch dem betheiligten Publikum zugänglich sind, dienen als Amtslokal.

Der Aichmeister ist für die dauernde Uebereinstimmung seiner Gebrauchsnormale mit den Kontrolnormalen verantwortlich. Seine Thätigkeit, für die er ebenfalls durchaus verantwortlich ist, besteht im wesentlichen in der Prüfung, eventuell Berichtigung, und Aichung der dem Aichamte eingelieferten Messgeräthe. Jedem Aichamte ist ein besonderes Stempelzeichen zugetheilt, welches die Ordnungsnummer des Aichamtes und seines Aufsichtsbezirks trägt.

Jedes Aichamt untersteht der dauernden, unmittelbaren Aufsicht des Aichamts-Vorstehers, welcher für Gemeindeaichämter gewöhnlich aus den Verwaltungsbeamten der Gemeinde gewählt wird, dessen Funktionen bei den Staatsaichämtern der Aichungs-Inspektor ausübt.

Die Aichungs-Inspektionen werden zum Theil im Nebenamte von Staatsangestellten (Professoren, technischen Beamten etc.) verwaltet, deren Hauptthätigkeit die Gewähr bietet, dass sie mit den vorkommenden Arbeiten (neben der sehr einfachen Verwaltungsthätigkeit hauptsächlich Messungen, Wägungen und Konstruktionsfragen) ohnehin vertraut sind. Die fest angestellten Aichungs-Inspektoren sind zum Theil aus den Beamten der „K. N. A. K." hervorgegangen, theils sind es ehemalige

Offiziere, die sich die erforderlichen technischen und wissenschaftlichen Spezialkenntnisse nachträglich erworben haben.

Der Aichungs-Inspektor beaufsichtigt durch schriftlichen Verkehr und durch Bereisungen den Geschäftsbetrieb und die Ausrüstung der Aichämter seines Aufsichtsbezirkes, prüft neu anzustellende Aichmeister, instruirt die Aichmeister auf Befragen, überwacht Handel und Verkehr in seinem Bezirk in aichtechnischer Hinsicht, vermittelt den Verkehr der Landesregierung, der „K. N. A. K." und der Landesbehörden mit den Aichämtern, begutachtet Meinungsdifferenzen zwischen Aichämtern und sonstigen Landesbehörden oder Privaten, auch gerichtliche Fragen aichtechnischer Art, berichtet alljährlich an seine Landesregierung über seine Wahrnehmungen und die aichamtliche Thätigkeit in seinem Bezirk und macht eventuell Vorschläge über etwa zu erlassende Verordnungen.

Ferner hat der Aichungs-Inspektor die Hauptnormale der Messgeräthe für seinen Bezirk in Verwahrung, beglaubigt die Richtigkeit der den Aichämtern zu liefernden Gebrauchsnormale und Kontrolnormale, soweit dies nicht durch die „K. N. A. K." geschieht, und prüft auf Anordnung der „K. N. A. K." etwa alle 10 Jahre die Richtigkeit der Kontrolnormale seiner Aichämter. Auch von Privaten vorgelegte Messgeräthe für besondere Zwecke können, wenn sie nicht aichfähig sind, von den Aichungs-Inspektoren ausnahmsweise geprüft und unter Angabe der vorhandenen Fehler mit einem Beglaubigungsschein versehen werden. Stempelung der Geräthe erfolgt in solchen Fällen nicht.

Die Kaiserliche Normal-Aichungs-Kommission besteht aus einem meist juristisch gebildeten Vorsitzenden und einer Anzahl von Mitgliedern, Hülfsarbeitern und

Bureaubeamten, welche in Berlin als solche fest angestellt
sind und die laufenden Geschäfte (Messungen, Prüfungen
zum Theil bis zur äussersten erreichbaren Genauigkeit,
Materialuntersuchungen, Verwaltungsarbeiten) besorgen.
Die für die technischen Arbeiten angestellten Beamten
haben durchweg das Studium der Naturwissenschaften erledigt, sind also von vornherein für ihre besondere Thätigkeit vorbereitet. Ausserdem sind eine Anzahl auswärtiger
Fachgelehrten und Aichungs - Inspektoren Mitglieder der
Kommission, welche nur bei Gelegenheit der Berathungen
in der Plenarversammlung in Berlin anwesend sind.

Die „K. N. A. K." hat die Aichordnung nebst Instruktion, die Aichgebührentaxe und die sonst erforderlichen
technischen Vorschriften erlassen und bringt fortdauernd
in nach Bedarf erscheinenden Heften alle das Maass- und
Gewichtswesen betreffenden neuen Gesetze, Verordnungen,
Aenderungen und Erläuterungen der Aichordnung und der
Taxe etc. zur öffentlichen Kenntniss.

Die „K. N. A. K." ist technische Beratherin der den
Aufsichtsbehörden (Aichungs-Inspektionen etc.) vorgesetzten
Landesregierungen, also in Preussen des Handelsministeriums.
Sie ist nicht vorgesetzte Behörde der Aichungs - Inspektionen, verkehrt aber direkt mit denselben in aichtechnischen
Fragen und benutzt die Erfahrungen der Inspektionen
neben den aus der betheiligten Industrie stammenden Anregungen und Auskünften für die Weiterentwickelung der
aichtechnischen Vorschriften nach den Bedürfnissen des
fortschreitenden Handels und Verkehrs und der Industrie,
welche sich mit der Herstellung der Messgeräthe befasst.

Die „K. N. A. K." hat das Urmaass des Meters und
die davon abgeleiteten übrigen Urnormale nebst einer
Anzahl von Kopien für die üblichen Maasse und Gewichte
in Verwahrung, sie beglaubigt die Richtigkeit der am

Sitze der Inspektionen vorhandenen Hauptnormale, der
Kontrolnormale und zum Theil auch der Gebrauchsnormale
der Aichämter.

Nach meiner langjährigen Erfahrung als ehemaliger
Aichungs - Inspektor für die Provinz Hannover ist der
soeben mit wenigen Strichen skizzirte Apparat von Ver-
waltungsbehörden und technischen Behörden für das bisherige Aichwesen grundsätzlich gut konstruirt. Auch die
technischen Vorschriften sind in den Hauptsachen durchaus zweckmässig und den Bedürfnissen angepasst, wenn
auch in einzelnen Richtungen etwas eng begrenzt und
nicht immer genügend beweglich, um den raschen Fortschritten der Industrie und des Handels und Verkehrs hinreichend zu folgen. Etwas weniger theoretisches Experi-
mentiren und dafür etwas mehr Eingehen auf die wirklichen praktischen Bedürfnisse in Handel und Verkehr
wäre zu wünschen.

Dadurch, dass ehemalige Offiziere zu Aichungs-
Inspektoren und Militäranwärter zu Aichmeistern an den
Staatsaichämtern ernannt, also Personen als technische
Beamte verwendet werden, welche sich die erforderlichen
technischen Kenntnisse erst in höherem Alter mühsam erwerben müssen, welche andererseits bisher gewohnt waren,
allerdings genau, aber doch zum Theil mechanisch nach
dem Buchstaben ihrer Vorschriften zu handeln und von
der eigenen Meinung und Ueberzeugung in dienstlichen
Angelegenheiten bis zu einem hohen Grade zu abstrahiren,
entsteht die grosse Gefahr, dass der Buchstabe der aichtechnischen Vorschriften über den Sinn und die natur-
gemässe Absicht derselben gestellt und dem Schematismus
auf einem Gebiete in die Hände gearbeitet wird, welches
durchaus der freien Beweglichkeit bedarf, um sich entwickeln zu können. Die aichtechnischen Vorschriften

nebst ihrer Entwickelung, Auslegung und Anwendung sollten nur den Zweck verfolgen, Handel und Verkehr nach Maass und Gewicht in geordneten Bahnen zu erhalten, sie dürfen ihn und seinen freien Fortschritt aber unter keinen Umständen hemmen oder verzögern. Für Behörden und Personen, welche in technischen Fragen zu entscheiden haben, ist die vornehmste Aufgabe die, in ihren Entscheidungen und Anordnungen den Bedürfnissen und Fortschritten der rasch sich entwickelnden Verhältnisse soweit Rechnung zu tragen, als es Gesetze und Verordnungen irgend erlauben. Ehe sie der technischen Industrie oder dem Handel und Verkehr Schwierigkeiten bereiten oder eine Fessel anlegen, mögen sie im Nothfall die Verantwortung dafür übernehmen, dass der Buchstabe einer Vorschrift veraltet und nicht mehr geeignet ist, dem Sinne der Vorschrift zeitgemässen Ausdruck zu geben.

Es liegt nun sowohl nach dem bekannten Grundsatz, verwandte Zweige der Verwaltung auf ähnlichen Grundlagen zu organisiren, als auch nach der Fassung des „E. G." die Vermuthung sehr nahe, dass man für die zu dem „E. G." zu erlassenden Verordnungen des Bundesraths die zu dem „M. u. G. O." ergangenen Verordnungen zunächst als Vorbild nehmen wird.

Die Begründung des „E. G." sagt, dass die Reichsanstalt bei Ausarbeitung ihrer Vorschläge für die Fehlergrenzen sich mit den massgebenden technischen Kreisen in Fühlung halten soll, und der Präsident der Reichsanstalt betont in seiner zur zweiten Lesung des Gesetzes gehaltenen Reichstagsrede, dass die Reichsanstalt dankbar sein werde, wenn ihr die Technik und das betheiligte Publikum bei der Ausarbeitung des Gesetzes einen Theil der grossen Verantwortung abnehmen will. Die vorstehende kurze Auseinandersetzung über das bestehende Aichwesen wird, daher den Technikern, welche zu den Berathungen für die Ausarbeitung des Gesetzes hinzugezogen werden, willkommen sein. Denn auch die Organisationsfragen kann die Reichsanstalt kaum ohne Berathung mit der Technik erledigen.

Ich komme auf den weiteren Inhalt des Gesetzes zurück.

§ 7 bis 11 des Gesetzes.

Bisher steht nur fest, dass die Physikalisch-Technische Reichsanstalt für die Entwickelung des elektrischen Aichungswesens eine ähnlich massgebende Stellung einnehmen wird, wie sie für das übrige Maass- und Gewichtswesen die Kaiserliche Normal-Aichungs-Kommission einnimmt.

Die „P. T. R." wird bei Festsetzung der Fehlergrenzen vom Bundesrathe gehört („E. G." § 6), sie stellt die Normale her, erhält sie richtig, bewahrt sie auf und sorgt für die Anfertigung von Kopien und die Ausgabe von beglaubigten Normalen („E. G." § 7 u. 8). Sie übernimmt zunächst die Beglaubigung elektrischer Messgeräthe (§ 9). Falls der Reichskanzler von der Ermächtigung Gebrauch macht, auch anderen Stellen (Aichämtern) die Beglaubigungsbefugniss zu übertragen, so beglaubigt die Reichsanstalt alle Normale und Normalgeräthe. Die Reichsanstalt überwacht das Prüfungswesen, erlässt alle technischen Vorschriften, bestimmt Art (Konstruktion), Material, Beschaffenheit und Bezeichnung der aichfähigen Messgeräthe, regelt das Verfahren bei Prüfung und Beglaubigung, bestimmt die Gebühren und das Stempelzeichen (§ 10).

Da der Reichskanzler andere Aichämter aller Wahrscheinlichkeit nach auch nur nach Anhörung der Reichsanstalt zulassen wird und die Organisation der Aichstellen bei den weitgehenden Befugnissen der Reichsanstalt ohne deren Rath garnicht erfolgen kann, so liegt die Regelung des elektrischen Aichwesens thatsächlich nach jeder Richtung hin in den Händen der Reichsanstalt.

Der Paragraph 11 des „E. G." bestimmt das ganze deutsche Reich (also einschliesslich Bayerns) als Geltungsbereich des Gesetzes.

Der Strafparagraph § 12 des Gesetzes.

§ 12 bedroht denjenigen mit Strafe bis zu 100 Mark oder bis zu 4 Wochen Haft, welcher bei gewerbsmässiger Abgabe elektrischer Arbeit Messgeräthe verwendet, welche über die festzusetzende Fehlergrenze hinaus unrichtig sind, oder deren Angaben nicht auf den gesetzlichen Einheiten beruhen. Dass diese Messgeräthe amtlich beglaubigt sein müssen, oder diese Beglaubigung auch in bestimmten Zeiträumen wiederholt werden muss, verlangt das Gesetz unter Androhung obiger Strafen selbstverständlich erst dann, wenn die entsprechenden Verordnungen ergangen sein werden. Neben der Strafe kann auf Einziehung der vorschriftswidrigen Messwerkzeuge erkannt werden.

§ 13 setzt das Gesetz mit dem Tage seiner Verkündigung in Kraft, verschiebt aber den Beginn der Strafbarkeit einer Zuwiderhandlung auf den 1. Januar 1902.

Diese Strafbestimmungen sind erheblich milder, als die im § 369. 2 des Reichs - Strafgesetzbuches für den übrigen Handel und Verkehr nach Maass und Gewicht festgesetzten Bestimmungen. Nach letzteren Bestimmungen ist jeder Gewerbetreibende mit der oben genannten Strafe bedroht, bei welchem zum Gebrauch in seinem Gewerbe geeignete, nicht geaichte oder unrichtige Maasse, Gewichte oder Waagen vorgefunden werden. Ausserdem muss auf Einziehung der vorschriftswidrigen Messgeräthe erkannt werden. Die praktische Handhabung dieses Strafgesetzparagraphen ist aber so geregelt, dass der Besitz vorschriftswidriger Messgeräthe bei Gewerbetreibenden nur dann bestraft wird, wenn der Verdacht der Verwendung im öffentlichen Verkehr vorliegt.

Was im übrigen die Handhabung des Strafparagraphen anbelangt, so kommt eine Haftstrafe überhaupt kaum vor, und die verhängten Geldstrafen betragen durchschnittlich 2 bis 3 Mark, selten über 5 Mark. Sehr empfindlich ist dagegen bei werthvollen Messgeräthen (grossen Waagen im Werthe von gelegentlich mehreren tausend Mark) die unvermeidliche Einziehung derselben, welche nur auf Grund eines an den Landesherrn gerichteten Gnadengesuchs erlassen werden kann, aber bei bedeutenden Werthen auch meistens erlassen wird.

Die bei Uebertretungen des „E. G." verfügten Strafen werden im allgemeinen geringe Geldstrafen sein. Empfindliche Geldstrafe und Einziehung der Messgeräthe wird voraussichtlich nur bei häufiger in demselben Betriebe wiederholten Uebertretungen verfügt werden, oder wenn mala fides des Uebertretenden vorliegt. Gegenüber der zunächst polizeilich verfügten Strafe kann von dem Bestraften gerichtliche Entscheidung beantragt werden, deren Kosten er ausser der Strafe im Falle der Verurtheilung zu tragen hat.

Nach § 6 des „E. G." ist der Gebrauch den Vorschriften nicht entsprechender Messgeräthe nur dann strafbar, wenn dieselben bei der gewerbsmässigen Abgabe elektrischer Arbeit nach den Lieferungsbedingungen zur Bestimmung der Vergütung dienen sollten.

Hier ist zunächst zu bemerken, dass die Aichung

oder Beglaubigung eines Messgeräthes nur beweist, dass
dasselbe zur Zeit der Prüfung innerhalb der Fehlergrenzen
richtig und im übrigen vorschriftsmässig gewesen ist. Wird
bei nächster Gelegenheit das Messgeräth unrichtig befunden,
so wird derjenige bestraft, welcher elektrische Arbeit nach
den Angaben des Messgeräthes gewerbsmässig abgiebt
(§ 6 u. 12 des „E. G."). Dabei ist es gleichgültig, ob der
Abnehmer oder der Abgeber Besitzer des Instrumentes ist.
Bestraft wird zweifellos derjenige, welcher die elektrische
Arbeit gewerbsmässig abgiebt, also auf dessen Rechnung
die Einnahmen für den Verkauf der elektrischen Arbeit
gehen; also nicht, wie vielfach angenommen wird, die Betriebsleiter der Werke, sondern die Besitzer derselben,
Magistrate, Unternehmer, auf eigene Rechnung betreibende
Firmen u. s. w. Denn die Betriebsleiter vermitteln nur die
Abgabe elektrischer Arbeit. Der Besitzer ist derjenige,
welcher die Arbeit abgiebt und die Messwerkzeuge verwendet. Die Besitzer können vielleicht auf die Betriebsleiter zurückgreifen, wenn dieselben wegen der Aichvorschriften besonders verantwortlich gemacht sind. In der
etwa beantragten gerichtlichen Entscheidung wird der
polizeilich Verurtheilte im allgemeinen nur dann freige-
sprochen, wenn das Gericht überzeugt wird, dass die
Schuld an der Unzulässigkeit des beanstandeten Messgeräthes das Aichungsamt trifft.

Die Erwähnung von Lieferungsbedingungen in
§ 6 könnte als Einschränkung der in § 12 normirten Strafbarkeit angesehen werden. Das Gericht wird aber dem
Sinne des Gesetzes gemäss als Lieferungsbedingung jede
gedruckte, geschriebene, mündliche oder nach gleichen
Vorbildern stillschweigend geschlossene Vereinbarung
zwischen dem Abgeber und dem Abnehmer, oder jede

auf Grund der Angaben des Messgeräthes erfolgte Zahlung oder anerkannte Zahlungspflicht ansehen.

Ich möchte hier auf eine Härte des Gesetzes aufmerksam machen. Die im § 12 vorgesehene Strafe trifft nach dem Wortlaute des Gesetzes den Lieferanten gewerbsmässig abgegebener elektrischer Arbeit auch dann, wenn etwa der Abnehmer oder ein Dritter die Angaben eines bei ihm aufgestellten Zählers absichtlich unrichtig gemacht hat. Denn § 6 sagt, dass für die Abgabe elektrischer Arbeit bestimmte Bedingungen innegehalten werden müssen, und § 12 bedroht den mit Strafe, der bei der Abgabe elektrischer Arbeit den Bestimmungen im § 6 zuwiderhandelt. Dem „E. G." gegenüber ist danach nur der Abgeber verantwortlich. Der Abnehmer würde allerdings in diesem Falle aus dem Reichs-Strafgesetzbuch vor der Einführung des Beglaubigungs- oder des Aichzwanges nach § 263 wegen Betruges, und nach Einführung eines solchen nach § 267, 268 oder 270 wegen Urkundenfälschung strafbar sein, denn ein amtlich beglaubigtes oder geaichtes Messgeräth gilt als öffentliche Urkunde.

Aichpflichtige und aichfähige Messgeräthe.

Streng genommen sollte hier unterschieden werden zwischen:

1. aichpflichtigen Messgeräthen, welche natürlich auch aichfähig sein müssen, um amtlich geaicht und gestempelt zu werden,

2. beglaubigungspflichtigen Messgeräthen (bisher z. B. Normale der Aichämter etc.), welche ebenfalls nach besonderen Vorschriften beglaubigungsfähig sein müssen, aber amtlich nur durch einen Beglaubigungsschein legitimirt werden,

3. Messgeräthen (bisher z. B. Apparaten für städtische Prüfungen von Wassermessern, Petroleumtanks von Privatgesellschaften und dergleichen), welche durch die Aufsichtsbehörden geprüft und mit einem Prüfungsschein unter Angabe der Fehler auf Wunsch der Betheiligten versehen werden können.

Die zu dem „E. G." zu erlassenden Verordnungen werden vielleicht mit dem Verfahren unter 3. beginnend nach Festsetzung der Fehlergrenzen zunächst auf das Verfahren unter 2., später aber sicher auf das eigentliche Aichverfahren unter 1. sich beziehen. Da aber praktisch kein wesentlicher Unterschied zwischen den Verfahren unter 2. und 1. besteht, so beziehe ich mich hier der Kürze halber nur auf den Endzustand, die eigentliche Aichung und Stempelung der Messgeräthe.

Nachdem die Aichvorschriften erlassen und der Aichzwang eingeführt sein wird, werden unter die Bestimmungen des „E. G." fallen, d. h. aichpflichtig sein, nur solche Messgeräthe, nach deren Angaben gewerbsmässig abgegebene elektrische Arbeit vergütet wird. Das sind im Wesentlichen Watt-stundenzähler, Amperestundenzähler, im Verein mit den zugehörigen Spannungsmessern bei vereinbarter Spannung und eventuell Zeitzähler sofern konstanter Strom bei konstanter Spannung abgegeben wird. Im letzteren Falle würden auch die Spannungsmesser bei vereinbarter Spannung aichpflichtig sein.

Es sind also nur Wattstundenzähler, Amperestundenzähler, eventuell Zeitzähler und im Verein mit den beiden letzteren Arten eventuell Spannungsmesser aichpflichtig, und es braucht ja nicht besonders betont zu werden, dass diese Messgeräthe somit selbstverständlich auch aichfähig sein müssen. Die sogenannten Registrir-apparate dürften kaum in Frage kommen, da eine gewerbs-

mässige Abgabe elektrischer Arbeit nach den Angaben
derselben kaum vorkommt. Aichpflichtig sind also
nicht Strommesser, Widerstandssätze und Einheiten oder
Sätze von Einheiten der Kapacität oder Induktion, denn
nach ihren Angaben findet gewerbsmässige Abgabe elektrischer Arbeit nicht statt, wenn auch die Begründung zum
„E. G." eventuell andere Geräthe als Zähler dafür zulassen
will. Dagegen sind diese Messgeräthe aichfähig, wenn
sie den zu erlassenden Vorschriften entsprechen. Auch
die Spannungsmesser einer Abgabestelle (Centrale) sind
nur dann aichpflichtig, wenn die Bestimmung der Vergütung für die nach Wattstunden oder Amperestunden
gelieferte elektrische Energie von einer bestimmten
Spannung derselben abhängig gemacht ist.

Demnach muss die mit Konstruktion der elektrischen
Messgeräthe beschäftigte Industrie vor allen Dingen danach
streben, aichfähige Zähler für Wattstunden und Amperestunden und aichfähige Spannungsmesser zu konstruiren.

Damit ein elektrisches Messgeräth aichfähig ist, wird
es nach dem „E. G.", entsprechend den Erfahrungen aus
dem bisherigen Maass- und Gewichtswesen und unter Berücksichtigung der besonderen für elektrische Messgeräthe
wichtigen Umstände etwa folgenden Hauptanforderungen
genügen müssen.

1. Es muss so konstruirt sein, dass eine ausreichende
Gewähr für die Erhaltung der Richtigkeit seiner Angaben
oder für nur sehr langsame Veränderlichkeit derselben auf
längere Dauer vorliegt.

2. Es muss so eingerichtet sein, dass durch die Anbringung eines oder mehrerer Aichstempel (welche auch
als Verschluss oder dazu dienen können, abnehmbare oder
bewegliche Theile, die etwa zur Berichtigung bei der
Aichung dienen sollen, zu befestigen oder unbeweglich zu

machen) die Möglichkeit ausgeschlossen wird, ohne Entfernung der Stempel oder erkennbare Verletzungen der Umhüllung die Richtigkeit der Angaben des Messgeräthes nachträglich zu beeinflussen. Auch die Möglichkeit solcher Beeinflussung durch von aussen erregte Magnetfelder muss bis zu einem hohen Grade ausgeschlossen sein.

3. Wenn das Messgeräth einer von Zeit zu Zeit zu wiederholenden Nachhülfe von Hand bedarf (Aufziehen eines Uhrwerkes, ähnlich dem periodisch erforderlichen Nachfüllen nasser Gasmesser), so muss es die Lieferung elektrischer Arbeit selbstthätig unterbrechen, sobald durch Versäumen der Nachhülfe die Richtigkeit der Angaben beeinflusst wird.

4. Sind Arretirungsvorrichtungen vorhanden, so darf das Messgeräth elektrische Arbeit erst dann durchlassen, wenn die Arretirungsvorrichtungen ganz gelöst sind.

5. Ausser der Angabe des Verfertigers, der Fabriknummer, der Jahreszahl der Anfertigung und unzweideutiger Bezifferung des Zählwerkes werden eine Anzahl von Angaben über die Art des Betriebsstromes (Gleichstrom, Wechselstrom, Drehstrom, Stromwechselzahl) über die grösste zulässige Stromstärke oder die grössten Arbeitswerthe, über die Grenzen der verwendbaren Spannungen und dergleichen gefordert werden. Für diese beiden letzteren Werthe werden voraussichtlich bestimmte Abstufungen vorgeschrieben werden.

6. Die Messgeräthe müssen so beschaffen sein, dass sie nach erfolgter Aichung jede Art üblichen Transports vertragen, ohne dass die Richtigkeit ihrer Angaben gefährdet wird.

Eventuell könnte von dieser Forderung bei grossen Zählern abgesehen werden, falls sie am Orte dauernder Aufstellung geaicht werden.

7. Die Einschaltung der Messgeräthe in die Betriebs-
leitungen muss ohne Verletzung der Stempel erfolgen
können. Vielleicht wird auch die Anbringung eines
Schaltungsschemas an dem Messgeräth gefordert werden.

8. Das Messgeräth muss bei der Aichung innerhalb
der Aichfehlergrenzen richtig sein.

Das dürften wesentlich die Gesichtspunkte sein, nach
denen die Industrie die Messgeräthe weiter ausbilden muss.

Kurz gesagt, wird ein Messgeräth als aichfähig be-
trachtet werden, wenn es innerhalb der zugelassenen
Grenzen richtig misst, nach erfolgter Aichung und
Stempelung in der Richtigkeit seiner Angaben nicht willkürlich verändert werden kann, seiner Konstruktion nach
Gewähr für nur langsame Veränderung der Richtigkeit
der Messung bietet, und den Strom nur solange durchlässt,
als etwa erforderliche Nachhülfen von Hand sachgemäss
erfolgt sind.

Es ist für alle diese Vorschriften wohl zu beachten,
dass durch die Einrichtung und die aichamtliche Sicherung
der Messgeräthe der Abnehmer und der Abgeber elektrischer Arbeit in gleicher Weise gegen Nachtheile geschützt werden soll.

Nach den Erfahrungen aus dem Aichungswesen für
den gewöhnlichen Handel und Verkehr sowohl, wie aus
dem Inhalte der Begründung zum „E. G." ist zu schliessen,
dass den bereits vorhandenen aichpflichtigen Messgeräthen
eine lange Uebergangszeit für ihre fernere Verwendung
gewährt werden wird. Im Maass- und Gewichtswesen sind
für ältere Messgeräthe von verhältnissmässig sehr geringem
Werthe Uebergangszeiten von bis zu cc. 20 Jahren gewährt worden.

Die Fehlergrenzen für elektrische Messgeräthe.

Vom 1. Januar 1902 an wird zunächst nur gefordert werden, dass die aichpflichtigen Messgeräthe innerhalb der Verkehrsfehlergrenzen richtig sind, und dass ihre Angaben unter Zulassung einer Konstanten auf den gesetzlichen Einheiten beruhen. Ein Beglaubigungszwang oder ein Aichzwang soll vorläufig nicht eingeführt werden. Er kann auch so bald noch nicht eingeführt werden, da die Reichsanstalt, welche vorher die erforderlichen Spezialvorschriften erlassen muss, diesen Vorschriften nicht näher treten kann, bevor nicht bis zu einem gewissen Grade abgeschlossene Erfahrungen vorliegen über die Vorschriften, welche die Industrie zur Zeit erfüllen kann.

Nach der Begründung zum „E. G." soll sich die Reichsanstalt bei Ausarbeitung ihrer Vorschläge für die Fehlergrenzen mit den massgebenden Kreisen der Technik in Fühlung halten. Es ist im Interesse aller Betheiligten dringend zu wünschen, dass diese Fühlung sowohl für die erste Ausarbeitung der den Aichzwang vorbereitenden Vorschriften als auch für spätere Zeiten fortdauert, denn nur auf diesem Wege können Vorschriften entstehen und sich weiter entwickeln, welche wirklich den von dem Gesetze angestrebten und in der Begründung betonten Nutzen schaffen.

Was die Berathung der Reichsanstalt bei Festsetzung der Fehlergrenzen betrifft, so kann die Technik gar nicht dringend genug davor gewarnt werden, die Genauigkeit der vorhandenen Messgeräthe, besonders der Zähler zu überschätzen. Die Fabriken elektrischer Messgeräthe müssen bei dieser Berathung absehen von der meistens sehr subjektiven Ueberzeugung, dass sie richtige Messgeräthe schon jetzt anfertigen. Meinen Erfahrungen nach

würden sie sich andernfalls selbst schwer schädigen und
sich eine Rute binden, deren Schläge Jahrzehnte lang
schmerzlich empfunden werden würden.

Wer mit genauen Messungen zu thun und Gelegenheit
gehabt hat, dieselbe Messung mit verschiedenen Messapparaten und nach verschiedenen Methoden vielfach zu
wiederholen, weiss, dass bei zusammengesetzten elektrischen Messungen eine absolute Genauigkeit von z. B.
0,1 % nur bei äusserst mühevoller, langwieriger wissen-
schaftlicher Arbeit in magnetisch völlig ungestörten Räumen
und unter Beobachtung aller denkbaren Fehlerquellen erreicht werden kann. Bei zusammengesetzten technischen
elektrischen Messungen mit technischen Instrumenten eine
Messungsgenauigkeit von 1 % zu erreichen, erfordert schon
sorgfältigste Erwägung aller begleitenden Nebenumstände
und Prüfung aller verwendeten Apparate auf Grund guter
Normale. Ohne die erforderlichen „Correktionen" der abgelesenen Zahlen auf richtige Werthe ist an die Erreichung
einer Genauigkeit von 1 % bei zusammengesetzten
Messungen mit technischen Messwerkzeugen zur Zeit gar
nicht zu denken.

Der Ingenieur scheut leider diese „Correktionen"
vielfach der damit verbundenen kleinen Rechnung wegen;
zum Theil auch deshalb, weil die „Correktionen" von
Praktikern ohne jeden Grund oft als mehr oder weniger
willkürliche „Verbesserungen" der abgelesenen Werthe
verdächtigt werden. Aber der Techniker wird nicht eher
richtig messen, als bis er den wirklichen Werth notwendi-
ger Correktionen begreift und sie berücksichtigt.

Wenn ich alle Einflüsse zusammenhalte, welche die
Richtigkeit der Angabe von Zählern elektrischer Grössen
beeinflussen können, so bin ich der Meinung, dass man
die Verkehrsfehlergrenze für diese Messgeräthe unter

keinen Umständen im Laufe der nächsten Jahre unter $\pm 4^0/_0$
wird festsetzen dürfen, wenn man nicht zahllose Weiterungen veranlassen will. Vorschlagen möchte ich lieber
eine noch wesentlich weitere Grenze, besonders für
Leistungen, welche unter $30^0/_0$ der Höchstleistung liegen.
Man darf dabei auch nicht vergessen, dass die von den
Zählern innezuhaltenden Aichfehlergrenzen so eng sein
müssen, dass mit Rücksicht auf die unvermeidlichen Fehler
bei der amtlichen Prüfung dem Zähler noch ein gewisser
Spielraum für die Veränderungen seiner Angaben bleiben
soll, bis er die Verkehrsfehlergrenze erreicht hat und somit im Verkehr nicht mehr verwendet werden darf.

Wenn der Handelsverkehr mit Leuchtgas nach mehr
als fünf Jahrzehnten seines Bestehens noch eine Verkehrsfehlergrenze der Gasmesser von $+ 4^0/_0$ anstandslos ver-
trägt, so kann man dem kaum 15 Jahre alten Handelsverkehr mit elektrischer Arbeit eine wesentlich weitere
Verkehrsfehlergrenze seiner Zähler füglich nicht vorent-
halten. Für Strommesser, Spannungsmesser und Widerstände mag man fortschreitend engere Fehlergrenzen
festsetzen, sie sind auch praktisch nicht annähernd so
wichtig. Bei Messgeräthen für Kapazität und Induktion
werden bis zum Abschluss der erforderlichen aufklärenden
Versuche ohnehin weite Fehlergrenzen zugegeben werden
müssen.

Die Begründung zum „E. G." sieht selbst vor, dass
die Fehlergrenzen zunächst nicht sehr eng gezogen
werden, dass aber mit der fortschreitenden Entwicklung
der Technik schärfere Anforderungen voraussichtlich gestellt werden können. Der Ausdruck „nicht sehr eng"
ist nicht ganz unbedenklich — recht weit müssen zunächst die Fehlergrenzen gezogen werden, wenn Schaden
nach allen Seiten vermieden werden soll. Der dadurch

erreichte Fortschritt, dass diese Grenzen dann wirklich nicht überschritten zu werden brauchen, ist immerhin schon sehr gross. Alle Betheiligten werden die noch zu erlassenden besonderen Vorschriften mit viel mehr Freude begrüssen, wenn sie sehen, dass sie wirklich gut erfüllt werden können, und weit freudiger am Fortschritt arbeiten, als wenn von vornherein an der Erfüllbarkeit derselben gezweifelt werden muss.

Vorarbeiten für die zu dem Gesetz zu erlassenden Verordnungen.

Unter „Verordnungen" sind zweierlei verschiedene Arten von Vorschriften zu verstehen, je nachdem sie nach Anhörung der Reichsanstalt vom Bundesrathe (§§ 5 u. 6) erlassen oder (§ 10) von der Reichsanstalt selbständig angeordnet werden. Die ersteren betreffen, soweit sie für das praktische Aichwesen Interesse haben, die Bezeichnung der Einheiten, Berechnung der elektrischen Grössen der Wechselströme, Fehlergrenzen und Anordnungen über amtliche Beglaubigung oder periodische Ueberwachung der Messgeräthe. Alle sonstigen Bestimmungen sind Sache der Reichsanstalt. Im bisherigen Maass- und Gewichtswesen hat die „K. N. A. K." die ähnlichen Befugnisse durch Erlass der „Aichordnung" und der dazu ergangenen „Instruktion" ausgeübt. Dem entsprechend wird die Reichsanstalt voraussichtlich „Verordnungen" und zu diesen Verordnungen als Ausführungsbestimmungen „Erläuterungen" erlassen. Etwa wünschenswerthe Aenderungen erlassener Vorschriften dürften am leichtesten in den „Erläuterungen", schwieriger in den „Verordnungen" der Reichsanstalt und nur unter ganz besonders zwingenden Umständen in den „Verordnungen des Bundesraths" möglich sein. Die Eintheilung des zu ordnenden Stoffes wird ein solches Verhältniss ganz von selbst ergeben.

Ueber grundsätzliche Anordnungen in „Aichordnung" und „Instruktion" entscheidet bisher die „K. N. A. K." im allgemeinen in ihren Plenarversammlungen. Das „E. G." bestimmt nichts darüber, ob etwa in ähnlicher Weise die Reichsanstalt unter Hinzuziehung ihres Kuratoriums entscheiden wird.

Zunächst übernimmt nach § 9 des „E. G." die Reichsanstalt die Beglaubigung elektrischer Messgeräthe. Damit nun die Fabriken elektrischer Messgeräthe möglichst lange Zeit v o r Einführung des Beglaubigungzwanges Gelegenheit haben, die Anschauungen der für die später zu erlassenden Vorschriften massgebenden Behörde kennen zu lernen und darauf hin ihre Fabrikation thunlichst diesen Anschauungen anzupassen, würde es sehr dankenswerth sein, wenn die Reichsanstalt das bisher schon in weitem Umfange geübte Verfahren, Messgeräthe zu prüfen und zu beglaubigen, sobald und soweit wie möglich ausdehnte und zugleich durch Korrespondenz mit den in Frage kommenden Fabriken denselben jede Gelegenheit gäbe, sich über ihre Erfahrungen zu äussern und von den Erfahrungen der Reichsanstalt Nutzen zu ziehen. Auch die grösseren Elektrizitätswerke sollte die Reichsanstalt baldigst in ausgiebiger Weise sich zur Sache äussern lassen. Schon einige Jahre vor Einführung des Aichzwanges sollten die betheiligten Kreise über die einzuführenden Vorschriften öffentlich in Kenntniss gesetzt werden, nachdem sie vorher eingehend über die Zweckmässigkeit und Durchführbarkeit der Vorschriften gehört wurden.

Die Industrie darf wohl nach den bisherigen Erfahrungen zur Reichsanstalt das Vertrauen haben, dass dieselbe diesen Wünschen nach jeder Möglichkeit Rechnung tragen wird. Deshalb möge auch die Industrie mit ihren Erfahrungen der Reichsanstalt in jeder Richtung entgegenkommen, sie nicht als Gegner, sondern als Helfer betrachten, und ihr die schwere Verantwortung der Ausarbeitung des Gesetzes so viel wie möglich abnehmen.

Dann brauchen keine einmal erlassenen Vorschriften wieder aufgehoben oder geändert zu werden, es herrscht von vornherein Klarheit und Vertrauen in den betheiligten Kreisen. Der Erfahrung aus dem bisherigen Maass- und Gewichtswesen nach befördert nichts so sehr die Verwirrung der Anschauungen in den Handelskreisen und die Unsicherheit und Unordnung im Verkehr nach Maass und Gewicht, als wenn Vorschriften erlassen und über kurz oder lang widerrufen oder abgeändert werden.

Dass man bei Einführung des Aichzwanges die Vorschriften für aichfähige elektrische Messgeräthe nur in den einfachsten und allgemeinsten Umrissen erlassen darf, ist wohl selbstverständlich. Man lasse der Industrie zunächst in Einzelheiten alle nur irgend denkbaren Freiheiten, damit sie im Stande ist, die Messgeräthe zu entwickeln und die Wege zu finden, auf denen man zu wirklich einwurfsfreien Konstruktionen kommt. Die Reichsanstalt kann diese Wege nicht finden und nicht gehen, denn ihr fehlt die Gelegenheit, in der Massenfabrikation Erfahrungen zu sammeln, aber sie kann die Wege nach ihren Erfahrungen mit den verschiedenen Konstruktionen andeuten, und je mehr sie von dieser Möglichkeit durch öffentliche Mittheilungen Gebrauch macht, um so schneller wird die Industrie vorwärts kommen. Werden von vornherein zu viel Einzelvorschriften erlassen, so kann sich entweder der Erfindungsgeist nicht rühren, oder die Vorschriften müssen widerrufen werden. Die Konstruktionen der technischen elektrischen Messgeräthe sind noch viel zu jung, als dass man schon im Einzelnen sagen könnte, dies ist gut und das nicht. Jedes Jahr bringt neue gute Gedanken und Ueberraschungen auf diesem Gebiete, und manches hat sich nach längerer Bearbeitung durch die Industrie als vorzüglich bewährt, an dessen Brauchbarkeit die Wissenschaft ihren Erfahrungen nach ursprünglich nicht glauben konnte.

Im Laufe der Jahre wird man dann Gelegenheit haben, die Vorschriften langsam enger zu ziehen, Einzelheiten bewährter Konstruktionen festzulegen, bestimmte Konstruktionsgrundsätze und Formen allgemein zuzulassen, andere endgültig auszuschliessen. So kann man allmälig aber sicher und ohne Umhertasten zum Ziele gelangen.

Meiner Ueberzeugung nach würde es von grossem Nutzen sein, wenn die Reichsanstalt etwa in der elektrotechnischen Zeitschrift besondere Mittheilungen nach Bedarf erscheinen liesse, die sich mit dem „E. G." und dessen Ausarbeitung, mit Erfahrungen und Vorschlägen bezüglich der Konstruktion elektrischer Messgeräthe und mit allen sonst in dieses Gebiet gehörigen Fragen beschäftigen. Wenn solche Mittheilungen von den betheiligten industriellen Kreisen aufgegriffen und erforderlichen Falles von deren Standpunkt aus kurz und sachlich erwidert bezw. ergänzt würden, so könnte sich rasch ein Gedankenaustausch entwickeln, der schneller und sicherer als alles andere dem erwünschten Ziele entgegenführen und die Auffassung der eigentlichen Bedeutung des „E. G." klären würde.

Ob die Reichsanstalt oder die Industrie in dieser Hinsicht die erste Anregung giebt, ist natürlich an und für sich unerheblich. Vielleicht geht die Anregung zweckmässiger von der Industrie aus, da sie das vitalste Interesse an der Sache hat. Dass ich hier nicht etwa einen uner-

quicklichen Kampf mit Druckerschwärze angeregt haben
will, der ausschliesslich schaden könnte, brauche ich nicht
zu versichern, denn ich will nicht nach irgend einer
Richtung hetzen, sondern nur versuchen, gangbare Wege
anzudeuten. Ausschliesslich einen Austausch thatsächlicher,
objektiver und „sine ira et studio" gemachter Erfahrungen
habe ich im Sinne.

Handhabung des Gesetzes vor Einführung des Aich-zwanges.

Vom 1. Januar 1902 sollen Messgeräthe, nach deren
Angaben gewerbsmässig abgegebene elektrische Arbeit
vergütet wird, innerhalb der Fehlergrenzen richtig sein,
und ihre Angaben sollen auf den gesetzlichen Einheiten beruhen. Ein Beglaubigungszwang liegt aber dann zunächst
für die Messgeräthe noch nicht vor. Diejenigen Personen
oder Gesellschaften oder Behörden, welche elektrische
Arbeit gewerbsmässig abgeben, müssen also zunächst
selbst für die Richtigkeit ihrer Messgeräthe aufkommen,
und daher die Möglichkeit haben, festzustellen, ob ihre
Messgeräthe richtig sind. Die Reichsanstalt hat demnach,
wenn auch nicht rechtlich, so doch moralisch die Pflicht,
dafür zu sorgen, dass die Betheiligten vor dem 1. Januar
1902, und zwar wesentlich früher, Gelegenheit haben, sich
amtlich beglaubigte Prüfungsmittel für ihre Messgeräthe
zu verschaffen.

Damit ferner amtlich festgestellt werden kann, ob die
Messgeräthe richtig sind, muss mit dem 1. Januar 1902 so-
gleich eine amtliche Kontrole eingeführt werden, wenn
das „E. G." praktische Bedeutung haben soll. Vorschriften
über Transportfähigkeit der Messgeräthe werden aber dann
(hoffentlich) kaum schon vorliegen. Die Richtigkeit der

Messgeräthe müsste also am Orte der Verwendung erfolgen, und da die amtliche Prüfung in erster Linie durch die Reichsanstalt erfolgt, so würden Beamte entsendet werden müssen, welche nach ihrer Wahl im Betriebe befindliche Messgeräthe mit Hülfe von mitgeführten Kontrolmessgeräthen auf die Richtigkeit ihrer Angaben zu prüfen hätten. Da die private Prüfung der Messgeräthe vor ihrer Anbringung am Verbrauchsorte allgemein in dem betreffenden Elektrizitätswerk geschieht, so könnte auch die amtliche Prüfung so geregelt werden, dass der Beamte den Ersatz einer Anzahl im Gebrauch befindlicher Zähler durch andere Zähler verfügt, und die aus dem Gebrauch genommenen Zähler im Elektrizitätswerk prüft. Diese Beamten würden aus öffentlichen Mitteln zu besolden und ihre Zahl dürfte nicht gering sein, wenn dem „E. G." von vornherein, d. h. schon vor Einführung des Aichzwanges Ansehen verschafft werden soll. Wenigstens jährlich einmal müssten einige Zähler in jedem Elektrizitätswerke amtlich geprüft werden.

Im deutschen Reiche bestehen zur Zeit, ganz abgesehen von den Privatwerken (Blockstationen), welche gewerbsmässig elektrische Arbeiten abgeben, etwa 400 öffentliche Elektrizitätswerke. Wenn für die Prüfung einiger Zähler in einem Werke einschliesslich der Reise des Beamten durchschnittlich 3 Tage gerechnet werden und die Beamten dauernd unterwegs sind, so würden etwa 4—5 Beamte für diese amtliche Kontrole anzustellen sein.

Als Beamte für solche Prüfungen kommen nur Personen in Frage, welche ein vollkommenes Urtheil und gründliche Erfahrung in elektrischen Messungen haben. Volle akademische Ausbildung an einer technischen Hochschule, eventuell auch an einer Universität, und ausserdem eine mindestens zweijährige Ausbildung im Messungswesen

müssen sie erledigt haben, um sicher entscheiden zu
können über den Werth ihrer Prüfungen. Solche Beamten
müssen ausser den Reisekosten mit etwa 3000 Mark jährlich
besoldet werden, denn das können sie in der elektrischen
Praxis im gleichen Alter verdienen. Dem Reiche werden
demnach mit der Einführung des „E. G." bis zur Einführung des Beglaubigungszwanges ganz erhebliche Kosten
entstehen, welche durch die Einnahmen aus den etwa verfügten Geldstrafen auch nicht annähernd gedeckt werden,
denn es würde ungerecht sein, im Anfang die Strafen
hoch zu bemessen. Ausserdem vereinnahmt nicht das
Reich, sondern der betreffende Staat die polizeilich verfügten Geldstrafen. Prüfungsgebühren würden für diese
von amtswegen angeordneten Revisionsprüfungen nicht
erhoben werden können.

Die technische Ausrüstung der Beamten mit den er-
forderlichen Kontrolapparaten kann auf Rechnung des
Reiches oder auf Rechnung des Staates erfolgen, in dessen
Gebiet die Prüfung der Messgeräthe stattfindet.

Handhabung des Gesetzes nach Einführung des Aichzwanges.

Von dem Zeitpunkte der Einführung des Beglaubigungs-
oder des Aichzwanges an ändert sich die Sachlage ganz
wesentlich. Dass die Reichsanstalt allein den Bedarf der
deutschen Industrie und der Betriebe an geaichten Messgeräthen dann noch wird befriedigen können, ist nach
den weiter unten gegebenen Zahlen undenkbar. Es werden
alsbald noch andere amtliche Aichstellen errichtet werden
müssen. Diese Aichstellen mit eigenen Betriebsmitteln zur
Erzeugung der für die Prüfungsarbeiten nöthigen Ströme
und Spannungen auszurüsten, würde verhältnissmässig zu

hohe Kosten verursachen. Man wird deshalb Aichstellen
da errichten müssen, wo von Elektrizitätswerken oder von
grossen elektrotechnischen Fabriken elektrische Arbeit für
die Prüfungen bezogen werden kann.

Dass diese Aichstellen, wie im bisherigen Aichwesen
zum grössten Theil kommunalen Verwaltungen oder etwa
technischen Verbänden oder deren Kommissionen unmittelbar unterstellt werden, würde ich für verfehlt halten.
Meinen Erfahrungen nach ist es recht schwierig, zu erreichen, dass eine kommunale Behörde sich um ihr Aichamt wirklich kümmert. Von einigen Ausnahmen abgesehen,
sind die bisherigen kommunalen Aichstellen thatsächlich
ohne unmittelbare technische Aufsicht seitens ihrer Kom-
munalbehörde. Ist der Aichmeister gewissenhaft, so schadet
der Mangel an Aufsicht nicht viel, im anderen Falle würde
das Aichamt ohne die staatliche Aufsicht nach wenigen
Jahren verkommen.

Ausserdem ist, wie ich später zeigen werde, ziemlich
sicher, dass die Einnahmen öffentlicher elektrischer Aichämter ihre Ausgaben decken können, so dass, abgesehen
von den Kosten der vorbereitenden Arbeiten, die der Staat
ohnehin tragen muss, das elektrische Aichwesen nach der
Durchführung des Aichzwanges keiner wesentlichen öffentlichen Zuschüsse bedürfen wird. Ich werde daher weiterhin von der Annahme ausgehen, dass nur staatliche Aichämter
errichtet werden.

Periodische Nachaichung der Messgeräthe.

Das Gesetz fordert, dass die zur Bestimmung der
Vergütung für gewerbsmässig abgegebene elektrische Arbeit
verwendeten Messgeräthe jederzeit innerhalb der Verkehrsfehlergrenzen, nicht etwa nur bei der Aichung innerhalb

der Aichfehlergrenzen, richtig sein sollen. Dieser Vorschrift
Achtung und Erfolg zu verschaffen, giebt es kein anderes
Mittel, als dass die Richtigkeit der im Verkehr befindlichen
Messgeräthe staatlich überwacht wird. Das kann nach dem
bisherigen Verfahren im gewöhnlichen Handel und Verkehr
auf zwei verschiedenen Wegen geschehen. Entweder
werden die Messgeräthe im Verkehr bei den Gewerbetreibenden amtlich auf ihre Richtigkeit auf Grund mit-
geführter Normale (technische Maass- und Gewichtsrevision)
oder auf äussere Beschaffenheit, Vorhandensein der Stempel
und Verdacht der Unrichtigkeit (polizeiliche Revision)
jährlich oder seltener geprüft — oder die geaichten Messgeräthe müssen periodisch zur Wiederholung der Aichung
der Amtsstelle wieder vorgeführt werden. Im letzteren
Falle (der in Preussen z. B. für grosse Waagen und für
Apotheker-Waagen und Gewichte vorgesehen ist) wird
entweder bei jeder Aichung die Jahreszahl derselben amtlich auf dem Messgeräth vermerkt, oder der ertheilte Aich-
schein giebt Auskunft über den Zeitpunkt der letzten
Aichung.

Bei elektrischen Messgeräthen ist die Prüfung an Ort
und Stelle der Aufstellung im Betriebe auf Richtigkeit kaum
ausführbar, und die Prüfung der äusseren Beschaffenheit
ist zwecklos. Die oben für die Zeit vom 1. Januar 1902
bis zur Einführung des Aichzwanges vorgeschlagene herausgreifende Revision würde nicht alle Zähler umfassen können,
ist für die Werke unbequem, da sie auf die Auswechselung
der zu prüfenden Zähler nicht vorbereitet sind, und wegen
der mitzuführenden Normale technisch gar nicht einfach.
Es kann also hier nur die periodische Wiederholung der
Aichung („E. G." § 6 al. 2) eine Gewähr für die Erhaltung
der Richtigkeit der Messgeräthe im Verkehr bieten. Geeignete Zeitabschnitte für die Wiederholung der Aichung

vorzuschlagen, ist Sache der Reichsanstalt, und bis zur Einführung des Aichzwanges werden sich für die Bemessung dieser Zeitabschnitte aus der Erfahrung die nöthigen Anhaltspunkte ergeben. Es ist sehr wünschenswerth, dass diese Zeitabschnitte zunächst nicht zu kurz bemessen werden. Grosse Waagen müssten bisher z. B. alle 3 Jahre, Apothekergewichte alle 2 Jahre wiederholt geaicht werden. Eine Wiederholung der Zähleraichung zunächst von 3 zu 3 Jahren dürfte sicher genügen, um die weitaus grösste Mehrzahl derselben innerhalb angemessener Verkehrsfehlergrenzen dauernd richtig zu erhalten. Je nach den Erfahrungen der ersten Jahre kann man die Periode später verlängern oder verkürzen.

Die staatliche Kontrole über die rechtzeitig wiederholte Aichung der einzelnen Zähler würde am einfachsten durchgeführt werden können, wenn die gewerbsmässigen Abgeber elektrischer Arbeit im Verordnungswege angehalten würden, derjenigen Amtsstelle, bei der sie aichen lassen, von Jahr zu Jahr ein Verzeichniss ihrer Zähler mit Angabe des letzten Aichdatums einzureichen. Das ist keine irgendwie erhebliche Belastung der Abgeber, wenn sie überhaupt geordnete Bücher über ihre Abgabe führen. Zuwiderhandlungen gegen eine solche Verordnung würden ohne Weiteres unter § 12 des „E. G." fallen und strafbar sein. Die Amtsstelle führt sodann auf Grund dieser Angaben und ihrer eigenen Bücher ein Verzeichniss der in jedem Jahre aichpflichtigen Zähler, lässt, wenn ein Zähler nicht rechtzeitig zur wiederholten Aichung gebracht wird, denselben ausser Verkehr setzen und bringt den betreffenden Abgeber zur Anzeige. Daneben würden Stichproben über die Richtigkeit der von den Abgebern eingereichten Verzeichnisse durch Polizeibeamte gelegentlich vorgenommen werden müssen. Auf diesem Wege kann dem Gesetz sehr

einfach, sicher und rasch die nöthige Achtung verschafft
werden.

Wenn die Vorschrift über die periodische Nachaichung
einen Wortlaut erhält, entsprechend dem § 68 der Aichordnung, nämlich: „Elektrische Messwerkzeuge dürfen bei
gewerbsmässiger Abgabe elektrischer Arbeit nur bis zum
Ablauf von 3 Jahren nach Schluss desjenigen Kalenderjahres angewendet werden, in welchem die letzte Aichung
laut der aufgestempelten Zahl erfolgt ist", so dürfte den Erfahrungen nach, welche bei der Nachaichung der grossen
Waagen gemacht werden, der Erfolg der sein, dass in den
letzten Tagen des Jahres Messgeräthe in so grosser Zahl
den Amtsstellen vorgelegt werden, dass sie vor Ablauf des
Jahres nicht mehr geprüft und geaicht werden können.
Diese erhalten also die Zahl des neuen Jahres und brauchen
erst nach nahezu 4 Jahren wieder vorgelegt zu werden.

Eine fernere Folge dieses Wortlautes würde die sein,
dass die Aichungsämter um die Zeit der Jahreswende mit
Nachaichungsarbeit überlastet würden, während zu anderer
Zeit nur die verhältnissmässig wenigen reparirten und die
neuen Messgeräthe zur Aichung eingehen würden.

Dieser ungleichmässigen Arbeitsvertheilung sowie der
Möglichkeit, die Periode von 3 Jahren durch Vorlegung
der Messgeräthe in den letzten Tagen des Jahres (oder
auch ohne Schaden für den Besitzer in den ersten Tagen
des neuen Jahres) praktisch auf 4 Jahre zu verlängern,
kann sehr einfach dadurch abgeholfen werden, dass mit
der Jahreszahl auch der Monat der Aichung auf dem
Messgeräth vermerkt wird, z. B. 3. 1905, 8. 1913 oder noch
einfacher 3. 05, 8. 13. In der Vorschrift müsste nur das
Wort „Monats" für „Kalenderjahres" gesetzt werden. Dann
würde die Einreichung der Messwerkzeuge zur periodischen
Nachaichung ziemlich gleichmässig monatlich erfolgen, den

Aichungsämtern das ganze Jahr hindurch Arbeit vorliegen, und aus der gesetzlichen Gültigkeitsdauer der Aichung von 3 Jahren praktisch nicht mehr als 37 Monate gemacht werden können.

Das Prüfungsverfahren.

Ich will hier nicht die möglichen Methoden besprechen, nach welchen die Prüfungen stattfinden können. Das würde aus dem Rahmen dieser Schrift heraustreten. Die Grössen der Aichfehlergrenzen werden für die Wahl der Messungsmethoden massgebend sein, und die Methoden können daher erst nach Festlegung der Fehlergrenzen bestimmt werden. Ich beschränke mich darauf, anzugeben, nach welchen Richtungen die Messgeräthe voraussichtlich werden geprüft werden, um den Fabrikanten in dieser Hinsicht einen ersten Anhalt zu geben, soweit sie einen solchen aus den schon bisher von der Reichsanstalt zahlreich und vielseitig auf Wunsch der Betheiligten ausgeführten Prüfungen nicht schon bekommen haben sollten.

Das Prüfungsverfahren für elektrische Messgeräthe wird bei Widerständen, Kondensatoren und Induktionsspulen in der Prüfung der einzelnen Widerstände, Kapazitäten und Induktionskoëffizienten und bei Sätzen von Widerständen etc. ausserdem darin bestehen, festzustellen, ob die technischen Mittel der Summirung (Stöpsel, Schleifkontakte, Kurbeln) die Richtigkeit der Messgeräthe beeinflussen. Ferner wird Temperatureinfluss, Einfluss der Ladezeit und die Isolation zu prüfen sein. Für diese Apparate ist die Beglaubigung ohne eigentliche Aichung (Stempelung), aber unter Mittheilung der vorhandenen Fehler und eventuell unter Sicherung durch Plombirung zunächst weit wichtiger als die eigentliche Aichung unter stillschweigender Bezug-

nahme auf bestimmte Fehlergrenzen. Aichpflichtig sind
diese Messgeräthe ohnehin nicht, da nach ihren Angaben
im allgemeinen keine Vergütung für gewerbsmässig abgegebene elektrische Arbeit erfolgt. Nur Vorschaltwiderstände für Spannungsmesser und Zähler könnten als aichpflichtig eventuell in Frage kommen.

Strommesser und Spannungsmesser haben im
allgemeinen empirisch aufgetheilte Skalen. Insofern sind
sie den Maassstäben, den Messwerkzeugen und chemischen
Messgeräthen für Flüssigkeiten, den Waagen mit Laufge-
wicht und Skale, den Thermo-Alkoholometern u. s. w.
äusserlich ähnlich. Aber für letztere Arten von Messgeräthen bestimmen unter Voraussetzung einfacher Formen
einfache physikalische Gesetze das Verhältniss der einzelnen
Theilintervalle zu einander, während die Richtigkeit elektrischer Messgeräthe fordern kann, dass die Theilintervalle
der Skalen zu einander nicht in einfach übersehbaren
Verhältnissen stehen. Für die oben erwähnten, bisher im
Verkehr befindlichen Messgerähe mit Skalen und Eintheilungen sind Fehlergrenzen grundsätzlich für jeden Theilstrich angesetzt. Wenn auch nicht jeder Theilstrich stets
auf seine Richtigkeit geprüft werden muss, so lässt doch
die Besichtigung der Skalen meistens etwaige fehlerhafte
Theilstriche leicht herausfinden, und wenn die Prüfung die
Unrichtigkeit derselben ergiebt, so ist das Messgeräth
nicht aichfähig. Aehnlich wird das Prüfungsverfahren
auch für Strommesser und Spannungsmesser geregelt
werden müssen. Die grösste Angabe der Skale und eine
bestimmte Anzahl der Theilstriche in geeigneten Abständen
wird unter Strom mit den Normalapparaten geprüft werden,
und andere Theilstriche wird man nur dann besonders
prüfen, wenn der Augenschein zum Verdacht ihrer Unrichtigkeit führt

Den Elektrizitätszählern stehen die Gasmesser am nächsten. Die Prüfung der Gasmesser erstreckt sich auf Gangfähigkeit, Dichtigkeit des Gehäuses, Dichtigkeit der messenden Räume (zugleich Prüfung des Gasmessers bei langsamem Gange, bei kleinen bis grossen Gasmessern 20% bis 5% der normalen Geschwindigkeit), Richtigkeit bei normaler Geschwindigkeit des Ganges (grösstem stündlichen Gasdurchgange) und richtige Uebertragung im Zählwerke. Ausserdem sind sogenannte „herausgreifende Prüfungen" vorgeschrieben, durch welche von Zeit zu Zeit an beliebigen Exemplaren die Vorschriftsmässigkeit aller wesentlichen Konstruktionstheile geprüft wird.

Dementsprechend würde bei Elektrizitätszählern die Isolation von Erde und der einzelnen Theile untereinander (soweit erforderlich), die Richtigkeit bei geringem und bei vollem Arbeitsdurchlass und das Zählwerk zu prüfen sein.

Für sogenannte Motorzähler wird ferner zu prüfen sein, bei welchem geringsten Arbeitsdurchgange der Zähler zu arbeiten beginnt, d. h. wann die Reibung der Ruhe durch die beim Arbeitsdurchgange wirkenden antreibenden Kräfte überwunden wird. Bei Gasmessern mit dichten messenden Räumen ist eine ähnliche Prüfung offenbar nicht erforderlich, wenn der Druck des zuströmenden Gases überhaupt imstande ist, die Trommel in Bewegung zu setzen. Die Reibung der beweglichen Theile spielt dann keine Rolle mehr, da die Bewegung der arbeitenden Theile unter allen Umständen früher oder später auch bei geringstem Gasdurchgange erfolgen muss. Unter Umständen erfolgt die Bewegung dann unstetig und ruckweise. Aber der Gasmesser zählt und zählt richtig.

Ferner darf man nicht übersehen, dass ein Gasmesser, der bei vollem und geringem Gasdurchgang richtig zählt, aus rein mechanischen Gründen auch bei jedem zwischenliegenden Gasdurchgang richtig zählen muss. Von den elektrischen Zählern dürften sich wohl nur diejenigen annähernd ebenso verhalten, deren Angaben auf der magnetisch beeinflussten Schwingungsdauer von Pendeln beruhen. Ein Motorzähler kann sehr wohl bei mittlerer Geschwindigkeit der Ankerdrehung richtig messen, während er bei langsamem Gange wegen der Zapfenreibung, bei sehr schnellem Gange wegen der stark wachsenden Luftreibung zu langsam läuft, also zu wenig misst. Die Angaben derjenigen Zähler, welche die Anzeigen eines Strommessers von Zeit zu Zeit registriren und im Zählwerk addiren, sind von der Richtigkeit des Strommessers abhängig. Bei ihnen würde also wahrscheinlich auch eine Prüfung stattfinden, welche sich in ähnlichen Intervallen auf die verschiedenen Grössen des Arbeitsdurchgangs erstreckt, wie die Prüfung der Strommesser auf die einzelnen Theilstriche der Skale ausgedehnt wird.

Die Prüfungsvorschriften für Elektrizitätszähler werden demnach voraussichtlich sich noch auf einige Punkte erstrecken müssen, welche für Gasmesser nicht in Frage kommen.

Vorschriften über Art, Material, Beschaffenheit und Bezeichnung.

An Vorschriften über Art (Konstruktion) Material, Beschaffenheit und Bezeichnung der aichfähigen Messgeräthe (§ 10 des „E. G.") wird man mit der Einführung des Aichzwanges zunächst wohl nur ganz allgemeine und wahrscheinlich nur ausschliessende Bestimmungen über Art und Material der Messgeräthe zu erwarten haben.

Die Konstruktion der Schaltapparate für Sätze von

Widerständen etc. und das Material oder der grösste zulässige Temperaturkoëffizient des Materials für Widerstände könnten vielleicht genauer vorgeschrieben werden.

Die Vorschriften über die Beschaffenheit werden sich ebenfalls zunächst in sehr weiten Grenzen halten müssen. Sie werden die Transportfähigkeit, die Möglichkeit der Unzugänglichmachung durch Stempelung (Plombirung) betreffen, ausserdem voraussichtlich fordern, dass die mechanische Ausführung der einzelnen Theile zu Bedenken bezüglich der Erhaltung der Richtigkeit der Messgeräthe keinen Anlass giebt. Ferner werden hier Vorschriften erforderlich sein über den geringsten zulässigen Abstand der Theilstriche von Skalen. Man wird vorschreiben, dass die Breite der Theilstriche und die Form der Zeiger etc. eine Ablesungsgenauigkeit zulässt, die in einem bestimmten Verhältniss zur Aichfehlergrenze steht. Weiter wird voraussichtlich darüber Bestimmung getroffen werden, welche Verhältnisse der Theilintervalle von Skalen zu den gesetzlichen Einheiten zulässig sind, welcher Bruchtheil der Höchstleistung eines Zählers am Zählwerk noch ablesbar sein muss und dergleichen mehr.

Endlich wird hier festgesetzt werden müssen, welche Vielfachen der gesetzlichen Einheiten bei einzelnen Widerständen, Kondensatoren und Induktionsspulen und bei Sätzen von derartigen Messgeräthen zur Aichung zugelassen werden sollen. Bei solchen Sätzen ist bisher die Eintheilung in einzelne Einheiten, in 1, 2, 2, 5 und in 1, 2, 3, 4 im Gebrauch, und es wäre durchaus wünschenswerth, dass man diese Eintheilungen bis auf Weiteres auch als beglaubigungsfähig zuliesse. Ferner wird man voraussichtlich Sätze mit Stöpselschaltung und solche mit Kurbelschaltung durchweg aichfähig machen, insofern der Schaltapparat keine Ueberschreitung der Fehlergrenzen bei Zusammensetzungen veranlasst. Als Einzelwerthe, besonders von Widerständen, sollte man mit Rücksicht auf die Vorschaltwiderstände der Spannungsmesser und Zähler für hohe Spannungen jeden beliebig zusammengesetzten Zahlenwerth zunächst als beglaubigungsfähig zulassen, und den Zeitpunkt abwarten, zu welchem die industrielle Entwickelung der Messgeräthe eine Einschränkung dieser Vorschriften ertragen kann.

Die Vorschriften über die Bezeichnung der Messgeräthe sind mehr äusserlicher Natur. § 5 b und c des „E. G." werden in dieser Beziehung vor allen Dingen zweckmässig zu bearbeiten sein. Den Wunsch nach abgekürzter gesetzlicher Bezeichnung der Einheiten etc. durch 2 Buchstaben (nicht durch einen Buchstaben) habe ich schon weiter oben ausgesprochen und begründet. Ob für die elektrischen Messgeräthe abgekürzte Bezeichnungen der Einheiten zugelassen werden sollen, erscheint zweifelhaft. Diese Messgeräthe erlauben ihrer Grösse nach wohl allgemein die Anbringung der vollen Bezeichnung der Einheiten, die immerhin deutlicher ist als die Abkürzungen. Im bisherigen Maass- und Gewichtswesen waren die Abkürzungen wegen der zum Theil sehr kleinen Messgeräthe (Gewichte) erforderlich. Kennzeichnung der Messgeräthe durch die Angabe des Verfertigers, der Fabrikationsnummer und der Jahreszahl der Anfertigung wird für alle Messgeräthe zweckmässig sein. Vom Verfertiger ist hier der Händler wohl zu unterscheiden. Viele Installationsfirmen lassen ihre Messgeräthe in Spezialfabriken anfertigen und ihre eigene Firma auf denselben anbringen. Das sollte für aichfähige Messgeräthe nicht geduldet werden.

Zweckmässig wäre es in hohem Grade, wenn für Widerstände die Angabe der grössten zulässigen Strom-

stärke (Höchststrom), für Kondensatoren und Induktionsspulen die der grössten Spannung (Höchstspannung), für
Strommesser, Spannungsmesser und Zähler die Angabe der
Widerstände allgemein aber unter Zulassung weiter Fehlergrenzen gefordert würde. Denn nur aus diesen Angaben
sind die Grenzen der technischen Verwendbarkeit der betreffenden Messgeräthe und damit ihr praktischer Werth
sofort und sicher zu übersehen. Jedenfalls sind aber alle
über die Bezeichnung zu erwartenden Vorschriften harm-
loser Natur und leicht erfüllbar.

Eins werden hoffentlich diese Vorschriften mit der
Zeit zur Folge haben, nämlich dass die widersinnigen
Bezeichnungen Amperemeter, Voltmeter, Wattmeter und
ähnliche, nach deren Analogie man einen Maassstab ein
Metermeter nennen muss, verschwinden und durch Strommesser, Spannungsmesser, Leistungsmesser oder noch besser
Stromzeiger etc. ersetzt werden. In dieser Hinsicht habe
ich den lebhaften Wunsch, dass die Behörden sich über
den nicht unwahrscheinlichen Widerspruch der Techniker
hinwegsetzen mögen, bitte aber zugleich die Techniker,
nicht zu widersprechen. Es kommt ja schliesslich nicht
viel darauf an, wie man etwas benennt, wenn nur jeder
die Benennung versteht. Aber gegen die Beseitigung
offenbar unlogischer Benennungen, besonders wenn sie
durch logische, sofort verständliche Bezeichnungen ersetz-
bar sind, sollte man sich nicht sträuben.

Bezüglich der Zähler wäre es zu empfehlen, dass
man dieselben der Bezeichnung nach in „Elektrizitätszähler"
(Angaben auf Grund der Amperestunde) und „Arbeitszähler"
(Angaben auf Grund der Wattstunde) unterscheidet. Die
Bezeichnung „Wattstundenzähler" und dergl. würde
ebenso unlogisch sein, wie „Wattmeter" etc., denn es
werden nicht „Wattstunden", sondern es wird „Arbeit"

in der Einheit „Wattstunde" gezählt oder richtiger „gemessen".

Die von der Reichsanstalt zu erlassenden „Verordnungen" und „Erläuterungen" (siehe Seite 42) werden eine Anzahl von Begriffen zu behandeln und daher zu benennen haben, für welche im „E. G." Bezeichnungen weder gegeben noch den Verordnungen vorbehalten sind. Die Reichsanstalt hat in dieser Richtung bereits einleitende Schritte gethan, um zu erfahren, wie sich die Technik zu der Festlegung der erforderlichen Bezeichnungen stellt. Ich möchte, angeregt durch diese Initiative der Reichsanstalt folgendes anführen.

Das „E. G." nennt in § 5b die „elektrische Induktion." Die Bezeichnung dieser Grösse als „Induktionscoefficient" ist nicht logisch, da sie keine reine Zahl ist, sondern die Dimension einer Länge hat. Vielleicht wären die Bezeichnungen „Selbstinduktion" und der Kürze halber für gegenseitige Induktion „Wechselinduktion" zweckmässig.

Ferner sind im §5d. „Wechselströme" im „E. G." erwähnt. Neben diesen eigentlichen „Wechselströmen" mit wesentlich gleichen Stromcurven nach beiden Stromrichtungen kommen andere periodische veränderliche Ströme eventuell in Frage, wie z. B. gleichgerichtete Wechselströme und dergl. Die Bezeichnung derselben als „Wellenströme" würde der periodischen Veränderlichkeit und dem Unterschiede von dem eigentlichen „Wechselstrome" vielleicht verständlichen Ausdruck geben.

Bei Besprechung aller periodisch veränderlichen Ströme in „Verordnungen" und „Erläuterungen" dürfte ausserdem die bisher meistens sogenannte „maximale Stromstärke", die „effektive Stromstärke" $\left(\sqrt{\frac{1}{t} \int_0^t i^2\, dt} \right)$, die „mittlere

Stromstärke" $\left(\frac{1}{t}\int_0^t i\, dt\right.$ ohne Rücksicht auf das Vorzeichen$\left.\right)$
und die entsprechenden Spannungswerthe häufig erwähnt
und daher zweckmässiger Weise bezeichnet werden
müssen. Der Gebrauch des Anhängewortes „stärke"
bei den Stromarten ist nur ein Erfolg zufälliger Gewohnheit und erscheint überflüssig. Ein „Strom von 50 Ampère" ist ein genau so allgemein verständlicher Ausdruck,
wie „eine Stromstärke von 50 Ampère." Für diese
Grössen würden eventuell die zum Theil bereits von
der Reichsanstalt vorgeschlagenen Bezeichnungen „Scheitel-
strom", „Scheitelspannung", „Leistungsstrom", „Leistungsspannung", „Mittelstrom", „Mittelspannung" leicht verständliche Ausdrücke für die Sache sein. Unter Strom-
angaben ohne besondere Zusätze würde auf Messgeräthen für periodisch veränderliche Ströme stets der
„Leistungsstrom" zu verstehen sein.

Wenn die Reichsanstalt in den von ihr zu erlassenden „Verordnungen" und „Erläuterungen" die erwähnten
Grössen wie vorgeschlagen oder in anderer einheitlicher
Art bezeichnen und für etwaige Angaben auf aichpflichtigen Messgeräthen die von ihr nach Anhörung der betheiligten technischen Kreise angewendeten Bezeichnungen
vorschreiben wollte, so würden sich diese Bezeichnungen
auch zweifellos in der Litteratur sehr bald einführen an
Stelle der bisher nicht einmal allgemein gebräuchlichen
längeren und unbequemeren Bezeichnungen.

Für einige gängige Arten von Messgeräthen stelle
ich mir die ausser der Skala amtlich zu fordernden Bezeichnungen beispielsweise folgendermaassen vor. (Das
Wort „Verfertiger" kann ausfallen.)

Für Zähler: „Arbeitszähler für Wechselstrom,

No. 13150. 50 Perioden. Leistungsspannung 110 Volt. 870 Ohm. 0,023 Ohm. (Verfertiger) N.N. in X. 1903".

Für Hitzdrahtspannungszeiger: „Spannungszeiger für jede Stromart. No. 5072. 8040 Ohm. (Verfertiger) N.N. in X. 1905".

Für Stromzeiger mit beweglichem Eisenkörper; „Stromzeiger für Gleichstrom. No. 317. 0,004 Ohm. (Verfertiger) N.N. in X. 1900", oder wenn Aichung derartiger Stromzeiger für Gleichstrom und für Wechselstrom zugelassen werden sollte: „Stromzeiger für Gleichstrom (schwarze Skala), für Wechselstrom von 40 Perioden (rothe Skala) No. 317 u. s. w.",

Für einen Kondensator: „Kapazitätssatz in Mikrofarad (oder in mkfd) No. 811. Höchstspannung 300 vt. (Verfertiger) N.N. in X. 1899".

Stempelzeichen und Stempelung.

Die Festsetzung des Stempelzeichens ist praktisch ziemlich gleichgültig, wenn es einfach, nicht leicht imitirbar und in der Form gefällig ist. Ich möchte hier betonen, dass die Zulässigkeit der Plombe zunächst sehr wünschenswerth sein wird. Für die Kennzeichnung bei periodischer Nachaichung würde die Plombe zugleich den grossen Vortheil bieten, dass ihre Reversseite die Zahl von Monat und Jahr aufnehmen könnte, für deren Anbringung anderenfalls ein besonderer Ort vorgesehen und von vornherein vorbereitet werden müsste.

Die im Aichwesen bisher gültigen Stempelzeichen lassen durchweg die Behörde unzweideutig erkennen, welche die Stempelung vollzogen hat und daher für dieselbe verantwortlich ist. Sie lassen ferner erkennen, ob das gestempelte Messgeräth für den Gebrauch im gewöhn-

lichen Handel und Verkehr bestimmt ist, oder ob ein so-
genanntes Präcisionsmessgeräth vorliegt. Bei letzteren
betragen die Aichfehlergrenzen und die Verkehrsfehlergrenzen nur $1/5$ bis $1/2$ der entsprechenden Fehlergrenzen
für die gewöhnlichen Messgeräthe. Diese Kennzeichen
sind durch Zusatz von Sternen im Stempelzeichen und
durch Anbringung der Ordnungsnummern der Aichämter
übersichtlich geregelt. Eine ähnliche Unterscheidung der
Stempelzeichen für elektrische Messgeräthe ist sehr zu
empfehlen.

Da die Stempelzeichen der bisherigen Messgeräthe
im Verkehr durch den Gebrauch je nach der Art des
Messgeräthes (Waage, Gewichte, Maassstäbe, Flüssigkeitsmaasse, Fässer, Gasmesser etc.) mehr oder weniger stark
abgenutzt und unkenntlich gemacht werden, da auf Metall
und auf Holz gestempelt werden muss, da die kleinsten
Gewichte sehr kleine, Fässer und Hohlmaasse dagegen
grosse nicht leicht zerstörbare Stempelzeichen verlangen,
so sind im bisherigen Aichwesen Schlagstempel für Metall
und für Holz, Brennstempel für Holz und Aetzstempel für
Glas oder für Metall bei mechanisch sehr empfindlichen
Messgeräthen, und ausserdem wegen der bedeutenden
Grössenunterschiede der Messgeräthe von allen Stempel-
sorten verschiedene Grössen vorgesehen.

Elektrische Messgeräthe bedürfen aber wegen ihrer
durchschnittlich ungefähr gleichen Grösse weder besonders
kleiner noch besonders grosser Stempel, und sie werden
im Gebrauch durchweg nicht derartig strapazirt, dass ein
Unkenntlichwerden eines auf Metall angebrachten mittel-
grossen Stempelzeichens zu erwarten ist. Verschiedene
Grössen der Stempelzeichen dürften daher überhaupt nicht
erforderlich sein. Gegen die harte Erschütterung, die das
Aufschlagen eines Stempels z. B. auf Messing verursacht,

werden die Messgeräthe allerdings zum Theil empfindlich sein. Besonders die subtilen Lagerungen leicht drehbarer Achsen, die leichten Zeiger und ähnliche Theile könnten dabei Noth leiden. Trotzdem halte ich meiner Erfahrung nach den unter diesen Umständen auf den ersten Blick zweckmässig erscheinenden Aetzstempel für durchaus verwerflich, da er auf Metall nicht leicht rein erscheint und ausserdem sehr leicht unkenntlich wird.

Bei Gasmessern, deren Gehäuse dem Aufschlagen der Stempel ebenfalls zum Theil nicht gewachsen ist, wird der Stempel auf die mit dem Löthkolben erweichten Zinntropfen aufgedrückt. Ein gleiches Verfahren ist neben dem Aufschlagen auch für die elektrischen Messgeräthe sehr empfehlenswerth. Kann aber weder geschlagen noch auf den weichen Zinntropfen gestempelt werden, so bietet in allen Fällen die Plombe einen zweckmässigen und sicheren Ausweg. Die Plombe hat ausserdem noch den praktischen Vortheil, dass man sie bei etwaiger Revision der Messgeräthe leichter als jede andere Form der Stempel finden, entfernen und bei wiederholter Aichung erneuern kann.

Noch auf Eins ist bezüglich der Stempelung hinzuweisen. Die für die Messgeräthe des gewöhnlichen Handels und Verkehrs bestehenden Vorschriften über Zahl und Sitz der Stempel nehmen stellenweise zu ängstlich darauf Rücksicht, dass die Stempel willkürliche Veränderung der Messgeräthe durchaus verhindern sollen. Infolge dessen sind diese Vorschriften zum Theil recht komplizirt, ohne der böswilligen Absicht gegenüber ihren Zweck stets zu erreichen, denn jeder geschickte Klempner kann einen Zinntropfen ablösen und wieder anlöthen, ohne den darauf befindlichen Stempel zu verletzen. Besonders für die den Elektrizitätszählern am nächsten stehenden Gasmesser trifft das zu. Betrügerischer Absicht gegenüber sind die Gasmesser trotz aller Stempel nicht geschützt. Im ehrlichen Handel und Verkehr ist aber ein eigentlicher Schutz gegen Eingriffe nicht erforderlich, und gegen zufällige unbeabsichtigte Eingriffe werden die Stempel meistens nicht schützen.

Dass im Marktverkehr, im Kleinhandel nach Flüssigkeitsmaass und nach Gewicht willkürliche Veränderungen der Messgeräthe in unlauterer Absicht versucht und auch mit Erfolg ausgeführt werden, wenn auch selten, kann nicht geleugnet werden. Die Stempelung der Messgeräthe ist dagegen nur theilweise ein wirksamer Schutz.

Eine absichtliche Fälschung elektrischer Messgeräthe ist aber weit weniger zu befürchten, [denn die Abnehmer sind in den weitaus meisten Fällen nicht genügend sachverständig, um die Mittel und Wege zu diesem Ziele zu kennen, und die Fabriken, Elektrizitätswerke und sonstigen sachverständigen Abgeber elektrischer Arbeit dürften wohl kaum auf solche Abwege gerathen.

Wenn etwaige Vorrichtungen, welche den Gang des Zählers zu reguliren und daher bei der Aichung zu berichtigen gestatten, durch Stempelung unveränderlich fest gelegt und wenn ausserdem die Messgeräthe durch Plombirung sicher geschlossen werden, so dürfte das zunächst genügen. Eingehendere Vorschriften über Anbringung weiterer Stempel werden erst nach längeren Erfahrungen und erst dann erlassen werden können, wenn bewährte Konstruktionen zu endgültigen Formen geführt haben.

Mögen auch die ersten Vorschriften über die Stempelung innerhalb der erforderlichen Sicherheit den weitesten Spielraum lassen und zunächst den hauptsächlichsten Zweck der Stempelung, nämlich als äusseres Zeichen der erfolgten Beglaubigung zu dienen, ins Auge fassen. Mögen sie

Kohlrausch. 5

ferner bezüglich der Sicherung gegen willkürliche (d. h. in unlauterer Absicht vorgenommene) Eingriffe zunächst die bona fides der Betheiligten voraussetzen, und erst auf Grund der Erfahrungen, die vielfach nach ganz anderen Richtungen gemacht werden, als man sie erwartet, besondere einschränkende Anordnungen treffen. Mögen diese Vorschriften vor allen Dingen sich möglichst frei halten von dem für die Freiheit der Entwickelung technischer Einrichtungen gefährlichen und hemmenden Streben nach äusserer Uniformirung.

Die Gebührenfrage.

Eine sehr schwierige Frage ist die nach der Festsetzung der Gebühren für die Beglaubigung oder die Aichung elektrischer Messgeräthe. Die Verwaltung hat naturgemäss im Interesse der Sparsamkeit in dem Verbrauch der öffentlichen Mittel das Bestreben, die durch den Erlass eines Gesetzes entstehenden Kosten für die Durchführung desselben soweit wie möglich den Betheiligten in Form einer indirekten Steuer zuzuschieben.

Dass die elektrische Industrie die für die Ausführung des „E. G." nöthigen Kosten würde tragen können, soll nicht bestritten werden. Es ist aber sicher, dass die Unternehmer der auf gewerbsmässige Abgabe elektrischer Arbeit basirten Anlagen die Kosten thatsächlich nicht tragen, sondern sie in der Form erhöhter Zählermiethen und dergleichen auf die Abnehmer elektrischer Arbeit, d. h. auf das Publikum abschieben werden. Dieses Verfahren bedeutet also im wesentlichen eine Vertheuerung des elektrischen Lichtes, welches zur Zeit den grössten Theil der gewerbsmässig abgegebenen elektrischen Arbeit verbraucht.

Die für Zähler in Frage kommenden Zahlenwerthe
sind etwa folgende. Der Zähler für 30 Glühlampen von je
16 Normalkerzen, der etwa der durchschnittlichen Zähler-
grösse entspricht, möge der Rechnung zu Grunde gelegt
werden unter der Annahme, dass die durchschnittliche
Brenndauer der Lampe jährlich nur 400 Stunden beträgt,
und dass die Lampenstunde mit 3,3 Pfennig bezahlt wird.
Dass dieser Zähler für 30 Lampen annähernd der am
meisten gebräuchliche sein dürfte, wird weiter unten gezeigt
werden. Dann kostet für 30 Glühlampen der jährliche
Elektrizitätsverbrauch $\frac{30 \times 400 \times 3,3}{100}$ = rd. 400 Mark. Die
Miethe für den Zähler für 30 Lampen beträgt jährlich etwa
12 M., also rund 3% der reinen Ausgabe für den Elektrizitätsverbrauch. Bei durchschnittlich 33 M. Installationskosten einschliesslich Hausanschlüsse und Schaltbrett etc.
für jede an ein Elektrizitätswerk angeschlossene Lampe
(ohne Berücksichtigung dekorativer Einrichtungen), und
bei 12% Tilgung und Zinsen der Anlagekosten entstehen
ausserdem jährlich rund 120 M. laufende Ausgaben, also
im Ganzen 520 M. Betriebskosten für den Besitzer von
30 Lampen. Man sieht, dass die Zählermiethe im Durchschnitt 2,3% der gesammten Beleuchtungskosten beträgt.

Die für den Antrieb von Elektromotoren verkaufte
elektrische Arbeit pflegt sehr erheblich billiger zu sein
als die für Beleuchtung verwendete Arbeit. Für Motoren
kann man aber auf 600 Arbeitsstunden voller Leistung
jährlich rechnen bei durchschnittlich etwas höheren Neben-
kosten für Verzinsung und Tilgung der Anlage. Die
Zählermiethe dürfte daher hier etwa 4% der gesammten
Betriebskosten kaum übersteigen.

Die entsprechende Rechnung für den Verkehr mit
Leuchtgas ergiebt Folgendes: Bei einem Gasmesser für

5*

30 Flammen und für einen stündlichen Gasdurchgang von 4,5 cbm würden bei der Annahme von gleichfalls durchschnittlich 400 jährlichen Brennstunden und einem Preise von 0,16 M. für das cbm Leuchtgas die reinen Verbrauchskosten jährlich 4,5 × 400 × 0,16 = rund 290 M. betragen. Die Miethe für einen Zähler von 30 Flammen beträgt etwa 7,2 M., d. h. 2,5 % des Gaswerthes. Unter Hinzurechnung von Zinsen und Tilgung der Installationskosten der Gasanlage kommt man hier auf einen Prozentsatz, mit dem die Gasmessermiethe an den Gesammtkosten der Beleuchtung theilnimmt, welcher von dem Prozentsatze bei elektrischer Beleuchtung jedenfalls nicht wesentlich verschieden, wenn auch durchschnittlich um einige zehntel Prozent niedriger ist.

Für Kochzwecke etc. und für Motoren verbrauchtes Gas pflegt nur etwa 25 % billiger zu sein, als das für Beleuchtung verbrauchte Gas. Unter der obigen Annahme von 600 jährlichen Arbeitsstunden der Motoren betragen hier die Kosten der Zählermiethe etwa 2 % der gesammten Betriebskosten.

Nachstehend gebe ich die Preise der ungeaichten Gasmesser im Mittel für nasse und trockene Messer, abhängig von der Zahl der maximal gespeisten Flammen (offene Brenner von etwa 16 Normalkerzen) und den mittleren, runden Betrag der zugehörigen Aichgebühren in Mark und in Prozent des Gasmesserpreises.

Flammenzahl . .	10	20	40	70	100	150	200	
Gasmesserpreis .	40	60	90	140	200	290	380	M.
Aichgebühren .	4,7	6,2	8,6	11	12	13,5	15,6	M.
In % rund . .	12	10	9,5	8	6	4,7	4,1	%.

Die Statistik einer der bedeutendsten Gasmesserfabriken Deutschlands, welche ausschliesslich trockene Gasmesser liefert, ergiebt für rund 28 000 Gasmesser, die in einem gewissen Zeitraume zur Aichung vorgelegt wurden, dass die Aichungsgebühren im Durchschnitt rund 9 % des Preises der zugehörigen Gasmesser betrugen. Die Leistung der Gasmesser schwankt zwischen 3 und 1000 Flammen und beträgt im Mittel rund 8 Flammen für den Gasmesser.

Die Preise der Elektrizitätszähler gleicher Beleuchtungsleistung wie die Gasmesser, gerechnet nach Glühlampen von 16 Normalkerzen bei rund 110 Volt Spannung giebt folgende Tabelle:

Glühlampenzahl	10	20	40	70	100	150	200
Zählerpreis . .	120	150	165	175	182	200	215 M.

Dabei ist zu bemerken, dass Amperestundenzähler und Wattstundenzähler für das Zweileitersystem im Mittel um 12 % billiger, Wattstundenzähler für Gleichstromdreileitersystem und Drehstromzähler, welche in einem Kreise zählen, im Mittel um 12 % theurer sind, als die hier angegebenen Mittelpreise. Bezieht man die Preise der Gasmesser und der Zähler auf die maximal gespeiste Flammenzahl n, so ergiebt sich, soweit die Preiskurven durch 2 Konstanten darstellbar sind, in rohester Annäherung der Preis für Gasmesser zu etwa

$$20 + 1,8 \; n \; \text{Mark},$$

für Elektrizitätszähler zu etwa

$$130 + 0,5 \; n \; \text{Mark}.$$

Der Umstand, dass der Preis eines Gasmessers, von kleinen Gasmessern abgesehen, seiner Leistung nahezu proportional ist, dass aber der Zeitaufwand für die Prüfung eines Gasmessers beliebiger Grösse hauptsächlich nur dadurch beeinflusst wird, dass bis zu 20 Flammen höchstens 5, bis zu 30 Flammen höchstens 3, bei grösseren Leistungen höchstens 2 gleiche Gasmesser gleichzeitig in Hinterein-

anderschaltung geprüft werden dürfen, erklärt zur Genüge
die Thatsache, dass der prozentische Aichgebührenbetrag
mit wachsender Leistung des Gasmessers stark (von 12 %
auf 4 %) abnimmt. Dabei ist zu bemerken, dass ein eigentlicher Verbrauchsaufwand bei der Prüfung von Gasmessern
nicht in Frage kommt, da nicht Leuchtgas, sondern Luft
bei der Prüfung verwendet wird.

Mit den angeführten Aichgebühren rentiren Aichämter, welche viele Gasmesser zu aichen haben, einschliesslich Verzinsung und Tilgung des Anlagekapitals
für die Messeinrichtungen, sehr gut, ergeben sogar meistens
einen erheblichen Ueberschuss.

Für die Aichung der Elektricitätszähler liegen diese
Verhältnisse zum Theil erheblich anders. Der Zeitaufwand
für die eigentliche Prüfung der Zähler dürfte allerdings
ebenfalls wesentlich unabhängig von der Leistung sein,
und die Zahl der höchstens gleichzeitig zu prüfenden
gleichen Zähler, sowie der Zeitaufwand für die Einschaltung derselben dürfte die Selbstkosten der Prüfung
etwa im gleichen Maasse beeinflussen, wie es bei Gasmessern der Fall ist.

Aber die Prüfung der Elektricitätszähler erfordert
einen Aufwand von elektrischer Arbeit im Betrage von 3
bis 4 Pfennig für die Lampenstunde. Da nun die Prüfung
einen Stromdurchgang von mindestens einer Stunde erfordern wird, dessen Selbstkosten proportional der Zählerleistung sind, und im Mittel für grosse und kleine Zähler
etwa 1,5 % der Zählerkosten betragen, da ausserdem in
vielen Fällen bei Elektricitätszählern die Skale und die
Anlaufleistung geprüft werden muss, da endlich die Zinsen
und die Tilgung des Kostenaufwandes für die Prüfungs-
Einrichtung und die Besoldung der Aichbeamten erheblich
höher sich stellen werden als bei Aichämtern für Gas-

messer, so ist klar, dass die Aichgebühren für Elektricitätszähler von vornherein bedeutend höher bemessen werden
müssen, als für Gasmesser gleicher Beleuchtungsleistung.

Setzt man sie schätzungsweise zu dem anderthalb-
fachen Betrage an, so ergiebt sich mit Berücksichtigung
der Tabelle auf Seite 96 folgende Zusammenstellung für
Zähler von 110 Volt Spannung:

Zählerleistung in Glühlampen

zu je 16 Normalkerzen =	10	20	40	70	100	150	200
Mittlerer Zählerpreis in M. =	120	150	165	175	182	200	215
Aichgebühren in M. =	7,0	9,3	13,0	16,5	18,0	20,0	23,0
desgleichen in % des Zäh-lerpreises . . . . . . =	5,8	6,2	7,9	9,4	10,0	10,0	10,7

Im Mittel würde das 8,6 oder rund 9 % des Zählerpreises für die Aichgebühr geben, wenn die Häufigkeit
der verschiedenen Zählergrössen für diesen ersten Anhalt
ausser Betracht bleibt.

Da nun, wie auf Seite 67 gezeigt wurde, die bisherige
Miethe für die ungeaichten Beleuchtungszähler mittlerer
Grösse etwa 2,3 % der gesammten Betriebskosten — einschliesslich Zinsen und Tilgung des Anlagekapitals — beträgt, so würde der Ansatz von rund 9 % des durchschnittlichen Zählerpreises für die Aichgebühren bei ein-
maliger Aichung die Abnehmer mit $\frac{9 \times 2,3}{100}$ = rund 0,21%
der gesammten Verbrauchskosten durch die entsprechende
Erhöhung der Zählermiethe mehr belasten.

Wenn eine periodische Nachaichung der Zähler alle
3 Jahre gesetzlich angeordnet werden sollte, welche für
den mittleren Zähler von 30 Lampen, demnach etwa 158 : 0,09 =
14,2 M. kosten würde, so würden jährlich 4,7 M. für den Zähler-
gebrauch mehr zu rechnen sein. Bei 520 M. gesammten

jährlichen Betriebskosten würde demnach auch die in dreijähriger Periode zu wiederholende Aichung der Zähler die
gesammten Beleuchtungskosten nur um 0,9 % vergrössern.

Gegen diese Ueberschlagsrechnung auf Grund der
Gebühren für Gasmesseraichung kann mit Recht einge-
wendet werden, dass bei Gasmessern der Preis des Mess-
apparates (rund 20 + 1,8 n Mark für n Lampen) nahe
proportional dem grössten Verbrauch, für Elektricitätszähler dagegen (rund 130 + 0,5 n Mark für n Lampen)
der Preis vom grössten Verbrauch viel weniger stark abhängig ist, und dass es daher unbillig sein würde, die
Aichgebühren für Elektricitätszähler durchweg in Prozenten
des Zählerpreises zu bemessen. Die kleinen Abnehmer
würden, wie auch die Tabelle auf Seite 71 ergiebt, dadurch
gegenüber den grossen Abnehmern geschädigt werden.

Da zweifellos die Aichgebühren für die Abnehmer
eine Vermehrung der gesammten Verbrauchskosten zur
Folge haben werden, so erscheint es angemessener, die
Gebühren in Prozenten der grössten Zählerleistung, also
der durchschnittlichen Verbrauchskosten allgemein festzusetzen. Dann werden wenigstens alle Abnehmer relativ
nahezu gleichmässig belastet. Dieser Ausgangspunkt ergiebt unter Zugrundelegung des Zählers für 30 Lampen,
das heisst für rund 1500 Watt, als des im Mittel gebräuch-
lichsten Zählers, wenn man ihn wie oben mit 14,2 M. Aichgebühren ansetzt, für die Aichgebühren der Zähler jeder
grössten Leistung W in Watt: $\frac{14,2\ W.}{1500}$ = rund 0,0095. W
Mark. Da die gesammten Betriebskosten pro angeschlossene Lampe einschliesslich Zinsen und Tilgung des Anlagekapitals an und für sich, besonders aber mit Rücksicht
auf die mit dem absoluten Gesammtverbrauch an elektri-

scher Arbeit üblicher Weise steigenden Rabatte, mit ab-
nehmender Lampenzahl wachsen, so würden durch Ansetzung der Aichgebühren proportional der grössten Zählerleistung gerechter Weise die kleinen Abnehmer gegenüber
den grossen begünstigt werden.

Dass der Ansatz der Aichgebühren für Elektricitätszähler in Mark mit durchschnittlich 9% der Zählerkosten
oder auch mit 0,95% der grössten Leistung in Watt weder
die Abnehmer noch die Centralen irgendwie wesentlich belasten würde, ist nach dem Vorstehenden klar, da in beiden
Fällen die gesammten Betriebskosten bei dreijähriger
periodischer Nachaichung nur um rund 0,9% vermehrt
werden würden.

Auf die für die Prüfung wiederholt vorgelegter und
richtig befundener Messgeräthe zu erhebenden Gebühren,
sowie auf diejenigen Gebühren, welche zu erheben sein
werden, wenn das betreffende Messgeräth schon nach Abschluss eines gewissen Bruchtheils der im ganzen vorgeschriebenen Prüfungsstadien sich als unzulässig erweist
und daher vor Beendigung der gesammten Prüfung dem
Besitzer zurückgegeben wird, gehe ich hier nicht näher
ein. Die im bisherigen Aichwesen in solchen Fällen für „Be-
fundscheine“ und für „Rückgabescheine“ angesetzten Gebühren werden in diesen Beziehungen den erforderlichen
Anhalt geben können.

Die Rentabilität der Aichämter.

Ob die Aichbehörden bei den obigen Gebührenan-
sätzen sich ohne Zuschuss selbst würden erhalten können,
lässt sich von vorn herein nur ganz ungefähr entscheiden.

Unter der Annahme dreijährig zu wiederholender
periodischer Nachaichung würde die Statistik der deutschen

Centralen allerdings einen Anhalt geben für die Zahl der jährlich durchschnittlich zu aichenden Zähler und für die dadurch entstehenden Gesammteinnahmen. Um aber die Frage der Selbsterhaltung der Aichämter zu beantworten, fehlt es zunächst an Anhaltspunkten dafür, wie viele Aichämter zur Befriedigung des vorhandenen Bedürfnisses errichtet werden müssen, was ein Aichamt jährlich erledigen kann und wie hoch sich die Betriebsausgaben eines solchen belaufen.

Die Zahl der Zähler.

Nach der Zusammenstellung auf Seite 442—460, Heft 27, 1898 der Elektrotechnischen Zeitschrift waren bis Ende März 1898 in Deutschland 375 Elektricitäts-Werke im Betriebe, welchen rund 1 756 000 Glühlampen von je 50 Watt oder deren Aequivalent in Bogenlampen und ausserdem Elektromotoren von 35 867 P S angeschlossen waren. Die Zahl der in Gebrauch befindlichen Zähler ist nicht festgestellt, ergiebt sich aber folgendermassen zunächst in rohester Annäherung.

Herr Direktor A. Prücker hatte die Güte, mir die erforderlichen Zahlen für das städtische Elektricitätswerk zu Hannover bis Ende März d. Js. mitzutheilen. Es waren 43 556 Glühlampen zu je 50 Watt oder deren Aequivalent in Bogenlampen angeschlossen und dafür 829 Zähler im Betriebe, ausserdem 194 Motoren für 460 P S mit 130 Zählern. Das giebt im Beleuchtungsbetriebe im Mittel $\frac{43\,556}{829} = 53$ Lampen für den Zähler.

Hannover hat Gleichstromdreileiterbetrieb, und es sind 621 Dreileiterzähler neben 338 Zweileiterzählern im Gebrauch. Die Stadt hat 210 000 Einwohner, und eine dementsprechende Zahl grosser Geschäfte, Läden und Restaurants, für welche grosse Zähler im Gebrauch sind. Ausserdem ist das Königliche Theater angeschlossen, so dass in Hannover im Verhältniss zu der Zahl der angeschlossenen Lampen bedeutend weniger Zähler vorhanden sein dürften, als in Städten und Elektricitätswerken der durchschnittlichen Grösse.

Die Statistik der auf Seite 68 erwähnten, für Konsumenten jeder Grösse liefernden Gasmesserfabrik hat im Mittel 8 Lampen für den Gasmesser ergeben. Hannover ergiebt 53 nahe gleichwerthige elektrische Lampen im Mittel für jeden Zähler, liefert aber auch wesentlich für grössere Konsumenten. Aus zwei derartig verschiedenen Zahlen für zweierlei Beleuchtungsarten das Mittel zu nehmen und mit demselben weiter zu rechnen, ist offenbar etwas gewagt Aber weiteres Zahlenmaterial ist mir nicht erreichbar, und es bleibt daher nichts anderes übrig. Dass hier aus der durchschnittlichen Grösse von Gasmessern einerseits und von Elektricitätszählern andererseits das Mittel genommen wird, dürfte keine besondere Schwierigkeit bilden, denn die Umwandlung einer Gasanlage in eine Anlage für elektrische Beleuchtung mit gleicher Lampenzahl ist ein tägliches Vorkommniss Ich lege also den Zähler für 30 Lampen bei Lichtanlagen der Rechnung zu Grunde, wie es bisher geschehen ist.

Dann ergeben sich für ganz Deutschland $\frac{1\,756\,000}{30}$ = rund 58 500 Zähler für Lichtanlagen und nach den Hannoverschen Zahlen 35 867 $\frac{130}{460}$ = rund 10 100 Zähler für Kraftanlagen, also im Ganzen rund 68 600 Zähler.

Jährliche Einnahmen aus der Zähleraichung.

Wenn, wie zunächst angenommen worden ist, eine

dreijährig zu wiederholende Aichung der Zähler angeordnet wird, würden jährlich durchschnittlich rund 22 900
Zähler zur Aichung gelangen. Rechnet man hinzu rund
10 % für Ersatz unbrauchbar gewordener Zähler und rund
15 % in ihren Angaben zweifelhafter oder reparirter und
daher besonders ausserhalb der Periode wiederholt zu
aichender Zähler, so erhöht sich die jährlich in Deutschland
zu aichende Zählerzahl auf rund 28 600 Stück. Dass eine
solche Aichungsarbeit nicht von der hauptsächlich für die
Förderung wissenschaftlich-technischer Forschungen er-
richteten Reichsanstalt bewältigt werden kann, bedarf
keines Nachweises. Es müssen also mit der Einführung
des Aichzwanges sofort auch Amtsstellen für Zähleraichung
errichtet werden.

Die Ansetzung der durchschnittlichen Aichgebühren
mit 14,2 M. (Siehe Seite 71) ergiebt eine jährliche Einnahme aus der Zähleraichung von etwa 410 000 Mark.

Die andere Ansetzung der Aichgebühren nach der
Zählerleistung W in Watt mit 0,0095. W Mark erfordert
zunächst die Berechnung des jährlichen Verbrauchs. Derselbe stellt sich nach den Zahlen von Seite 74 auf:

1 756 000 Lampen zu 50 Watt = ... 87 800 000 Watt
35 867 P S zu rund 900 Watt = ... 32 280 300   „

zusammen: 120 080 300 Watt.

Die Gebühren würden also bei dreijähriger Wiederholung
der Aichung jährlich $\dfrac{0{,}0095 \times 120\,000\,000}{3} = 380\,000$ M. und
unter Hinzurechnung von 25 % für neue, reparirte und
zweifelhafte Zähler rund 480 000 Mark betragen.

Ueberträgt man endlich die Hannoverschen Zahlen
mit durchschnittlich 53, rund 50 Lampen für den Zähler

auf die sämmtlichen deutschen Anlagen mit 120 000 000 Watt aequivalent 2 400 000 Lampen, deren durchschnittliche Aichgebühren (Siehe Seite 71) 9 % von **170**, also **15,3** Mark betragen würden, so ergiebt sich unter gleichwerthigen Annahmen eine jährliche Einnahme von $\dfrac{2\,400\,000 \times 15,3 \times 1,25}{3 \times 50}$

= 306 000 Mark.

Das Mittel aus diesen 3 Zahlen (410 000, 480 000 und 306 000) ergiebt rund 400 000 Mark jährliche Einnahmen aus der Zähleraichung in Deutschland.

Ich vergleiche schliesslich noch diesen Betrag mit dem gesammten jährlichen Geldumsatz Deutschlands für gewerbsmässig abgegebene elektrische Arbeit.

Es werden nach den Zahlen auf Seite 67, 68, **74** und **76** umgesetzt: für Beleuchtung bei durchschnittlich 400 jährlichen Brennstunden und einem Preise von 0,65 M. für die K. W. Stunde

$$87\,800 \times 400 \times 0,65 = \text{rund } 22\,800\,000 \text{ M.}$$

für Arbeitsleistung bei 600 jährlichen Arbeitsstunden und einem Preise von 0,20 M. für die P. S. Stunde $35\,867 \times 600 \times 0,20 = \text{rund } 4\,300\,000$ „

Zusammen rund 27 000 000 M.

Diesem Reinumsatz für verkaufte elektrische Arbeit dürften für Beleuchtung und Arbeitsleistung zusammen etwa 36 000 000 M. Gesammtausgaben der Abnehmer einschliesslich Reparatur, Zinsen und Tilgung der Anlage entsprechen. Die 400 000 M für Aichgebühren würden also die gewerbsmässige abgegebene elektrische Arbeit um rund 1,1 % vertheuern. Das ist ein Betrag, der im Interesse der Verkehrssicherheit gut ertragen werden kann.

Einrichtung und Zahl der Aichämter.

Wie ich oben schon angedeutet habe, wird man die Aichämter wegen des mit der Zählerprüfung verbundenen Verbrauchs an elektrischer Arbeit an vorhandene Centralen oder Fabriken örtlich anschliessen müssen. Da den Centralen im allgemeinen als Lieferanten der gewerbsmässig abgegebenen elektrischen Arbeit die Pflicht obliegt, die Zähler zur Aichung zu bringen, da sie also ein wesentliches Interesse daran haben, ein Aichamt möglichst nahe zu haben, so wird die Centrale, welche die Errichtung eines solchen beantragt, im allgemeinen auch bereit sein, einen für Errichtung desselben geeigneten Raum zur Verfügung zu stellen gegen eine mässige Vergütung von durchschnittlich etwa jährlich 300 Mark.

Ich nehme an, dass die Aichämter durchweg öffentliche sind, das heisst, dass Jedermann berechtigt ist, Zähler, zu deren Aichung das betreffende Amt befugt ist, zur Aichung vorzulegen. Dann würde die Behörde die Kosten der Ausrüstung der Aichämter zu tragen haben. Diese würde bestehen aus den erforderlichen Zuleitungen und Anschlussvorrichtungen an die sehr nahe gelegene Centrale, einem bis zu den grössten in Frage kommenden Stromstärken regulirbaren Verbrauchswiderstande, der für diesen Fall, da es sich fast immer um elektrische Arbeit konstanter Spannung handeln dürfte, aus Ausschussglühlampen grosser Stromstärke (2—3 Ampere) am billigsten hergestellt werden könnte, und einer entsprechend ausgewählten Zahl von Gebrauchsnormalzählern.

Mit einer Zusammenstellung solcher Zähler für 0,5. 1. 2. 5. 10. 20. 50 K. W. Höchstleistung wird man auch für die grössten Aichämter ausreichen, während bei kleineren die Zähler für 10. 20 und 50 K. W. meistens entbehrlich

sein werden. Endlich würden einige Gebrauchsnormal-
spannungsmesser erforderlich sein. Diese Ausrüstung einschliesslich des erforderlichen Mobiliars würde für kleine
bis grosse Aichämter für den Preis von etwa 5 000 bis
9 000 Mark, im Mittel etwa für 7 000 Mark wohl beschafft
werden können, so dass bei 10 % Zinsen, Tilgung und Erhaltung durchschnittlich etwa 700 Mark jährliche Unkosten
aus der Ausrüstung eines Aichamtes entstehen würden.

Jedem Aichamte seinen besonderen Beamten zu
geben, wäre zunächst überflüssig, da, wie sich weiterhin
ergeben wird, derselbe nicht annähernd voll beschäftigt
sein würde.

Es ist auch nicht überall erforderlich, dass die einem
Aichamte vorgelegten Zähler sofort geprüft werden, da
jede Centrale eine Reserve von Zählern der gangbaren
Grössen zum Auswechseln ohnehin schon jetzt halten
muss. Wenn an Orten der mittleren Centralen monatlich
zweimal, an Orten kleinerer Centralen monatlich bis
zweimonatlich einmal die vorgelegten Zähler geaicht
werden, so würde das zunächst genügen. Wo infolge besonders umfangreicher Betriebe ein Aichbeamter dauernd
beschäftigt ist, wird man selbstverständlich dem Aichamte
einen Beamten ausschliesslich zutheilen.

Jedem Aichbeamten würde danach durchschnittlich
die Erledigung der Geschäfte einer grösseren Anzahl einander nahe liegender Aichämter zu übertragen sein, welche
er in regelmässiger Folge oder nach Bedarf bereist.

Jährliche Ausgaben für die Zähleraichung.

Es mögen in Deutschland etwa 75 Amtsstellen für
Zähleraichungen errichtet werden, sämtlich im Anschluss
an vorhandene Elektricitätswerke, von denen die Amts-

stellen den Strom gegen Erstattung der Kosten beziehen.
Da 375 Werke bestehen, so würden die Amtsstellen so zu
vertheilen sein, dass jede, abgesehen von dem Werke,
welchem sie angeschlossen ist, von durchschnittlich
4 anderen Werken mit gleicher Stromart nicht zu weit
abliegt. Für Gleichstromwerke (im Ganzen etwa 300 mit
etwa 60 Aichämtern) wird das leicht zu bewerkstelligen
sein, für die 70—80 Werke mit Wechselstrom und Drehstrom und etwa 15 Aichämtern werden die Entfernungen
und damit die Transportkosten der Zähler bis zur nächsten
Amtsstelle bedeutender, aber sie bleiben im Verhältniss
zu den mittels der Zähler in 3 Jahren umgesetzten Geld-
werthen immerhin unwesentlich.

Für die 75 Amtsstellen mögen 20 Aichbeamte angestellt werden, welche unter Annahme der Durchschnitts-
zähler von 30 Lampen (siehe Seite 75) jährlich rund je
$\frac{30\,000}{20} = 1500$ Zähler zu aichen hätten und deren Wohnsitz an den Orten der 20 grössten Elektricitätswerke sich
befinden möge. Die Gesammtzahl der Zähler dieser
20 grössten Werke dürfte etwa 40 000 betragen, also im
Durchschnitt 2000, und die Zählerzahl dieser einzelnen
Werke beläuft sich auf etwa 600 bis etwa 4000 (für Ham-
burg) und etwa 9000 (für Berlin). Die hier erforderlichen
ausnahmsweise grossen Aichämter beeinflussen jedoch,
da sie keine Reisen der Beamten erfordern und intensiven
Betrieb ermöglichen, die Angaben jedenfalls in günstiger
Weise.

Von den durchschnittlich 2000 Zählern am Wohnsitz jedes
Beamten kommen jährlich rund 700 zur Aichung, welche er
bei richtiger Eintheilung und gleichzeitiger Aichung hinterein-
andergeschalteter Zähler gleicher Grösse in 50 Tagen sicher
erledigen kann. An den auswärtigen Amtsstellen bleiben

durchschnittlich für jeden Beamten jährlich rund 1500—
700 = 800 Zähler zu aichen, eine Arbeit, die an 120 Arbeitstagen und 50 Reisetagen (dieselben voll gerechnet) bewältigt werden kann. Es würden für jeden Beamten also
Tagegelder für 170 auswärts verbrachte Tage zu zahlen
sein. Dann bleiben dem Beamten von 300 jährlichen
Arbeitstagen noch 80 Tage für Nachprüfung der Normale,
Verwaltungsgeschäfte und dergleichen übrig.

Der Flächeninhalt des deutschen Reiches beträgt rund
540 000 qkm, also würden unter Voraussetzung der günstigsten Vertheilung auf jeden der 20 Beamten rund 27000 qkm
Gebiet entfallen, nahezu entsprechend der Fläche der
Provinzen Posen, Sachsen oder der Rheinprovinz. Bei kreis-
förmiger Fläche des Gebietes und centraler Lage des
Wohnsitzes des Beamten würde die mittlere Entfernung
seiner 3 auswärtigen Amtsstellen, wenn dieselben örtlich
gleichmässig vertheilt werden könnten, etwa 70 km betragen. Da die vorausgesetzte gleichmässige Vertheilung
an und für sich, besonders aber wegen der verstreut liegenden Wechselstrom- und Drehstromwerke unmöglich ist,
möge diese mittlere Entfernung zu rund 200 km angesetzt
werden. Durchschnittlich einmal monatlich werde jedes
der drei auswärtigen Aichämter bereist. Dann ergeben
sich jährlich ohne Rücksicht auf etwaige Rundreisen durchschnittlich für jeden Beamten rund 70 Reisen mit 14000 km
Bahnstrecke und 70 Ab- und Zugängen.

Durchschnittlich möge jedem Beamten für die Hand-
reichungen ein ständiger Gehülfe und für Rechnungswesen
und Verwaltung ein Beamter beigegeben werden, der seine
Thätigkeit mit täglich wenigen Stunden im Nebenamte
wahrnehmen kann. Der Gehülfe kann, wenn nöthig, den
Beamten auf den Reisen begleiten.

Die Ausrüstung des Beamten mit Normalapparaten

zur Prüfung der Gebrauchsnormalzähler ist für 6000 Mark sicher zu beschaffen, erfordert also an Zinsen, Tilgung und Erhaltung mit 10% 600 Mark Jahresausgaben.

Für jede auswärtige Amtsstelle ist ausserdem eine Person (Expedient) zu bestimmen und zu besolden, welche die Annahme und die Absendung der von auswärts eingehenden Zähler besorgt. Ein Beamter des betreffenden Elektricitätswerks kann diese Thätigkeit im Nebenamte besorgen.

Dann stellen sich die jährlichen Ausgaben für die Aichämter etwa folgendermassen:

20 Aichbeamte.

Gehalt durchschnittlich 3000 M. (siehe Seite 48)	60 000	M.
Tagegelder für 170 Reisetage zu 15 M. = 2550 M.	51 000	„
14000 km Eisenbahnfahrt zu 9 Pfennig = 1260 M.	25 200	„
70 Ab- und Zugänge zu 3 M. = 210 M.	4 200	„

20 Gehülfen.

Gehalt 1200 M..	24 000	„
Reisekosten 2000 M.	40 000	„

20 Rechnungsführer im Nebenamte zu

1000 M.	20 000	„
Erhaltung etc. der Ausrüstung der Aichbeamten mit Normalapparaten für 20 Beamte zu 600 M.	12 000	„
20 mal Nebenkosten für Schreibmaterial, Bücher etc. zu 120 M.	2 400	„
Erhaltung etc. der Ausrüstung von 75 Aichämtern zu 700 M. (siehe Seite 79) . . .	52 500	„

zu übertragen 291 300 M.

Uebertrag 291 300 M.

Für Verbesserung, Aenderung und Vermehrung der gesammten Apparaten-
ausrüstungen aller Beamten und Aemter 10 000 „

Miethe für 75 Aichamtslokale zu durchschnittlich 300 M. . . . . 22 500 „

55 Expedienten für die auswärtigen Amtsstellen zu 150 M. . . . . 8 250 „

Der Energieverbrauch für jährlich 30 000
Zähler von durchschnittlich 30 Lampen
bei je einer Stunde Stromdurchgang,
durchschnittlich gleichzeitiger Prüfung
von 2 Zählern und 3,5 Pfennig Arbeits-
kosten für die Lampenstunde beträgt

$\frac{30\,000 \times 30 \times 3,5}{2 \times 100}$ = rund . . . . 15 750 „

Gesammt-Ausgabe 347 800 M.

Die Bilanz der Aichbehörden für Zähler.

Die veranschlagte Einnahme von 400 000 Mark würde
danach einen Ueberschuss von etwa 50 000 Mark ergeben,
welcher hinreichen würde, um eventuell die Kosten für
Besoldung, Ausrüstung und Reisen von 2 oder 3 Inspektions-
beamten zu decken.

Richtiger dürfte es im Interesse der Betheiligten
allerdings sein, die Aichgebühren, falls sich dauernd ein
Ueberschuss herausstellen sollte, herabzusetzen. Da die
Aichbeamten akademisch gebildete Leute sein müssen, so
braucht ohnehin das für die bisherigen grösstentheils
kommunalen Aichämter unentbehrliche Inspektionswesen
nicht in ähnlicher Weise auf die elektrischen Aichämter
übertragen zu werden. Ein besonderer Vorgesetzter der

20 Aichbeamten würde, wenn er ausschliesslich mit dem Aichwesen betraut wird, die Aufsicht ausreichend führen, den Ueberblick vollständig wahren und für die Reichsanstalt die Erfahrungen und alles übrige Material bearbeiten können.

Dass in der Zusammenstellung der Ausgaben und Einnahmen diese etwa wesentlich zu hoch und jene zu niedrig angesetzt sind, glaube ich weniger als das Gegentheil. Wenn die Aichämter nicht einzeln mit wissenschaftlichen Prüfungsmitteln oder etwa zum Theil mit besonderen Stromerzeugern ausgerüstet werden, was zunächst beides ganz unnöthig ist, so können wahrscheinlich die Aichgebühren wesentlich geringer bemessen werden, als oben angenommen ist, ohne dass die Aichämter im Ganzen Zuschüsse erfordern würden. Für die gesammte Ausrüstung der Aichämter und der Beamten müsste allerdings ein Kapital von etwa 600000 bis 700000 M. einmal aufgewendet werden, und jährlich sind etwa noch 100 000 M. für die Ergänzung dieser Ausrüstung eingestellt. Aber das Kapital verzinst sich selbst, und der jährliche Zuschuss ist gedeckt.

Dass Einnahmen und Ausgaben für den Stand der Centralen am 1. April d. J. aufgestellt sind, während zur Zeit der Einführung des Aichzwanges die absoluten Zahlen bedeutend grösser sein werden, wird den Ueberschuss wahrscheinlich relativ vergrössern. Denn je dichter die Amtsstellen gelegen sind, um so geringer werden die Reisekosten, um so intensiver und daher billiger die Betriebe. Es müsste sonst die Zahl der Aichämter mit geringem Geschäftsumfang unverhältnissmässig stark wachsen. Kleine Aemter rentiren selbstverständlich schlechter als grosse, da die Ausgaben der Aichämter weniger stark veränderlich sind, als der Geschäftsumfang. Denn die Gebrauchsnormalzähler bestimmter Grössen müssen vorhanden sein, auch

wenn nur eine geringe Zahl der zugehörigen Zähler regel-
mässig zur Aichung gelangt. Die Zahl der zu aichenden
Zähler kann aber bei grösseren Aichungsämtern stark
wachsen, ehe die Zahl der Gebrauchsnormalzähler vermehrt werden muss.

Allgemeine Bemerkungen.

Die vorstehenden Zahlen, für welche ich Zuver-
lässigkeit nur in rohester Annäherung beanspruche, kommen
selbstverständlich erst dann zur Geltung, wenn der Aichzwang oder vorerst der Beglaubigungszwang (geforderte
amtliche Prüfung der Messgeräthe vor der Verwendung,
und Ausstellung von Beglaubigungsscheinen) durchweg
eingeführt und die Verwaltung organisirt sein wird. Bis
dahin werden sehr bedeutende, ungedeckte Ausgaben entstehen durch Vorarbeiten, Ermittelungen und Versuche
aller Art und durch die staatliche Aufsicht über die Zähler
vor Einführung des Aichungszwanges (Siehe Seite 46 u. f)
welche der Staat in keiner Form auf die Betheiligten ab-
wälzen kann. Dass andererseits die Grossindustrie gern
bereit sein wird, sich indirekt durch ihre Erfahrungen und
durch Darbietung von Prüfungsmaterial an diesen Vorarbeiten und deren Kosten zu betheiligen, ist kaum zu bezweifeln. Je mehr und je vielseitiger die Industrie die ihr
gebotenen Gelegenheiten wahrnimmt, an den Vorarbeiten
mitzuwirken, den Wünschen der Behörden nach Erfahrung
und Material entgegenzukommen, ohne dabei engherzig
den Kostenpunkt im Auge zu haben, um so mehr ist eine
gedeihliche und den wirklichen Bedürfnissen angepasste
Ausarbeitung des Gesetzes zu erhoffen.

Wenn aber auch vor Erlass der ersten Verordnungen
über den Aichzwang Behörden und Industrie sich alle er-

denkliche Mühe geben, das Beste zu finden, so werden
doch ernste Erfahrungen und Schwierigkeiten nach der
Einführung der Verordnungen gewiss nicht ausbleiben.
Dann sind die Aichbeamten berufen, mit offenen Augen
die Zweckmässigkeit der erlassenen Bestimmungen nach
bestem Wissen und Gewissen zu prüfen. Für ihre äusserliche amtliche Thätigkeit ist selbstverständlich die bestehende Verordnung allein massgebend. Aber diese Beamten sind vornehmlich im Stande, Anregungen zu geben
für Verbesserung, Vertiefung und Spezialisirung der Verordnungen, über deren wahren praktischen Werth sie sich
am allerbesten ein Urtheil bilden können. Deshalb müssen
sie vor allen Dingen befähigt sein zu einem solchen un-
parteiischen Urtheil, dürfen sich bei Gewinnung desselben
nicht als Vertreter der Behörden den Betheiligten gegenüber betrachten, sondern sie müssen über der Sache stehen
und die Interessen der Industrie für dieses Urtheil in
gleichem, wenn nicht höherem Maasse verwerthen, als die
ihrer Behörde, denn die Behörde ist als entscheidende
Instanz ohnehin stets im Vortheil.

Damit die Aichbeamten diesen Standpunkt wirklich
innehaben können, müssen sie, wie oben gefordert wurde,
Männer mit vollständiger akademischer Bildung sein und
ein offenes Auge haben für die Bedürfnisse der Praxis.
Es genügt bei weitem nicht, dass sie nur befähigt
sind, den Verordnungen gemäss ihre amtliche Thätigkeit
vorschriftsmässig zu verwalten, sondern es muss verlangt
werden, dass sie befähigt und auch befugt sind, bei jeder
sich bietenden Gelegenheit nach eigenem Ermessen
praktische Versuche zu machen, welche der weiteren Ausbildung des Aichwesens nützen können. Die Aichbeamten
müssen ferner auf Grund iher Instruktion der Ueberzeugung
sein, dass jeder von ihnen ausgehende Vorschlag für

Aenderung oder weitere Ausbildung der bestehenden Verordnungen von ihrer vorgesetzten Behörde ernsthaft und
vorurtheilsfrei geprüft und seiner Bedeutung entsprechend
praktisch verwerthet wird. Ich habe in meiner Praxis als
Aichungsinspektor immer wieder die Erfahrung gemacht,
dass tüchtige und ,intelligente Aichmeister sehr zutreffend
über den praktischen Werth der bestehenden Vorschriften
urtheilen und Anregungen geben können, zu denen ausschliesslich die unmittelbare praktische Thätigkeit befähigt.

Daher lege ich für eine gedeihliche Ausarbeitung des
„E. G." den allerhöchsten Werth auf die Anstellung tüchtiger
und urtheilsfähiger Aichbeamten, welche intellektuell über
der Verordnung stehen, der sie selbstverständlich formell
ihre äussere amtliche Thätigkeit anzupassen haben.

Wenn dann die vorgesetzte Behörde sich auf den
allein berechtigten Standpunkt stellt, dass in allen technischen Verwaltungen der der unmittelbaren Praxis ferner
stehende Vorgesetzte von dem der Praxis näher stehenden
Untergebenen stets lernen kann; wenn |ferner, was kaum
zu bezweifeln ist, die für die Ausarbeitung des Gesetzes
maassgebende Instanz, die Physikalisch-Technische Reichsanstalt, ihre Aufgabe dauernd dahin auffasst, dass ein Gesetz von rein praktisch-technischer und industrieller Bedeutung niemals die gesunde Industrie hemmen und be-
schränken darf, sondern in erster Linie den Zweck haben
soll, der Industrie, von welcher es ins Leben gerufen
wurde, zu nützen, ihre Entwickelung zum Nutzen aller Betheiligten zu reguliren und in gesunden Bahnen zu erhalten, mit anderen Worten, dass ein Gesetz niemals Selbst-
zweck, sondern stets nur ein Mittel ist, die Interessen der
Allgemeinheit zu fördern, so scheint mir die Grundlage
für eine gedeihliche Entwickelung des elektrischen Aichwesens gegeben zu sein.

Der Industrie möchte ich schliesslich eindringlichst empfehlen, erstens die ungeheure Tragweite des Gesetzes und besonders der zu demselben noch zu erlassenden Verordnungen nicht zu unterschätzen, sondern sich, soweit diese Schrift nicht dazu ausreicht, in allen einzelnen Punkten so eingehend wie irgend möglich über die etwaigen Folgen Klarheit zu verschaffen, damit sie bei den gemeinsamen Berathungen über die zu erlassenden Verordnungen wirklich sachverständig ihren Standpunkt vertreten kann. Einfach und selbstverständlich sind die Lösungen der bei dieser Gelegenheit zur Verhandlung stehenden Fragen nicht, und ein grosser Theil derselben kann nur dann mit einiger Sicherheit beantwortet werden, wenn auch die Industrie mit Erfahrungen in Form zuverlässiger Zahlen zur Hand ist.

Der „Verband deutscher Elektrotechniker" würde sich ein grosses Verdienst um die Sache erwerben können, wenn er sobald wie möglich das erforderliche statistische Material z. B. über Zahl, Grösse und Konstruktion der vorhandenen Zähler und dergleichen durch Umfragen bei den Elektricitätswerken pp. zusammenbringen und veröffentlichen wollte.

Das unmittelbarste Interesse an der Ausarbeitung des Gesetzes haben jedenfalls die Elektricitätswerke neben den Fabrikanten der Zähler. Bis zum 1. Januar 1902 sind noch gut 3 Jahre. Mögen die Leiter der Elektricitätswerke und der Zählerfabriken diese 3 Jahre gut ausnutzen in der Ueberzeugung, dass diese Jahre für eine gedeihliche Zukunft wichtiger sind als alle vorhergehenden und nachfolgenden Jahre!

Die gemeinsamen Berathungen der Reichsanstalt mit den technischen Kreisen, die sich nicht nur entsprechend der „Begründung des Gesetzes" auf die Fehlergrenzen

sondern nach der Reichstagsrede des Präsidenten der
Reichsanstalt wahrscheinlich auch auf andere Punkte erstrecken dürften, werden zu Meinungsverschiedenheiten
führen. Das ist nicht zweifelhaft, denn die Technik hat
sich an eine grosse Anzahl von Dingen gewöhnt, die sich
zum Theil ohne innere Berechtigung durch praktische Gewohnheit eingebürgert haben, die aber vielleicht die
Reichsanstalt mangels dieser Gewohnheit nicht ohne
Weiteres als nothwendig anerkennen wird.

Soweit solche Meinungsverschiedenheiten sich auf
äusserliche Dinge beziehen [volle und abgekürzte Bezeichnungen für die Einheiten, deren Vielfache und deren Theile
(§ 5 b und c), Bezeichnungen der Messgeräthe u. s. w. (§ 10),]
hat die Industrie gar kein Interesse daran, Opposition zu
machen gegen Abweichungen von den bisher üblichen Gewohnheiten, denn diese sind thatsächlich zum Theil auf
die Dauer nicht aufrecht zu erhalten. In dieser Hinsicht
werden die Gebräuche der bisher bestehenden Verordnungen für den öffentlichen Verkehr nach Maass und Gewicht vorbildlich sein müssen, denn sie haben sich praktisch
sehr gut bewährt. Von den jetzigen Gewohnheiten in
dieser Hinsicht abweichende Verordnungen erscheinen auch
nur in der allerersten Zeit unbequem. Nach einigen Jahren
werden sie ebenso selbstverständlich geworden sein, wie
die bisherigen Gewohnheiten es jetzt sind, die ja auch nur
in wenigen Fällen länger als seit zehn Jahren bestehen.
Kleinliches Anklammern der Industrie an hergebrachte Gebräuche und Anschauungen würde in diesen Dingen durchaus unpraktisch sein und möglicherweise die Behörden
verhindern können, die Industrie in späteren wichtigeren
Fragen zu Rathe zu ziehen. Ich glaube aber, dass auch
in diesen mehr äusserlichen Entscheidungen die Behörde
der Technik so weit als irgend möglich entgegen kommen

wird, denn sie hat gar kein Interesse daran, etwas zu
ändern, was eindeutig und was logisch und sprachlich zulässig ist. Lange Uebergangszeiten für die Zulässigkeit
bestehender Gebräuche neben den etwa vorschriftsmässig
neuen werden übrigens in allen diesen Fragen ohne Zweifel
zugestanden werden.

Wichtig ist ausschliesslich folgendes:

1. Dem Elektricitäts-Gesetz muss vom 1. Januar 1902
an sofort durch staatliche Ueberwachung der bei gewerbsmässiger Abgabe elektrischer Arbeit verwendeten Messgeräthe die erforderliche Achtung und Bedeutung verschafft werden, nicht nur im Interesse des Gesetzes, sondern
besonders im Interesse der Lieferanten und der Abnehmer
elektrischer Arbeit. Beide Parteien müssen so bald wie
möglich praktisch davon überzeugt werden, dass nunmehr
der Verkauf elektrischer Arbeit auf gesetzlich geregelter
Grundlage erfolgt.

2. Die Behörde hat die moralische Pflicht, (deren Er-
füllung die Industrie nicht beeinflussen kann), die Polizei-
verwaltungen dahin zu instruiren, dass sie mit Strafen zunächst nur gegen solche Kontravenienten des Gesetzes
vorgehen, bei denen Leichtsinn oder mala fides offenbar
vorliegt. In dieser Beziehung können übrigens die Aichbeamten, welche die Strafanzeigen veranlassen, auch viel
Gutes wirken und Unzweckmässiges verhindern. Wegen
etwaiger Anrufung der gerichtlichen Entscheidung wäre es
zweckmässig, wenn auch die Richter nach diesen Gesichtspunkten instruirt werden könnten. Dass richterliche Entscheidung während der ersten Jahre in vielen Fällen von
bona fide erfolgten Kontraventionen angerufen werden
wird, ist sicher. Es würde der Durchführung des Gesetzes
nicht zum Segen gereichen, wenn in solchen Fällen Verurtheilung erfolgte

3. Der Beglaubigungszwang und weiterhin der Aichzwang sowie die Einzelvorschriften über etwaige Stempelung der Messgeräthe müssen unbedingt zeitlich verschoben
werden, bis die Fabrikanten elektrischer Messgeräthe den
zunächst zu stellenden Anforderungen wirklich entsprechen
können. Diese Anforderungen sollten ferner, soweit sie
Art (Konstruktion), Material und sonstige Beschaffenheit
aichpflichtiger Messgeräthe betreffen, vorerst so allgemein
wie irgend möglich gehalten sein. Es ist nicht unwahr-
scheinlich, dass die betheiligten Firmen aus Konkurrenz-
gründen dahin streben werden, dass ihre Messgeräthe
möglichst bald für aichfähig erklärt werden, da das betheiligte Publikum in der Aichfähigkeit der Zähler zweifellos einen Vortheil erblicken würde. Ein solches Verfahren
der Firmen könnte aber und würde wahrscheinlich neben
dem augenblicklichen Vortheil auch seine sehr bedenk-
lichen und gefährlichen Seiten haben. Ich warne in dieser
Beziehung jede einzelne Firma davor, sich in ihren Konstruktionen festlegen zu lassen, bevor sie die Ueberzeugung
gewonnen hat, etwas wesentlich besseres auf ähnlicher
Konstruktionsgrundlage nicht schaffen zu können. Es ist
im Allgemeinen sehr viel leichter Spezialverordnungen zu
provoziren, als später deren Aufhebung oder Abänderung
zu bewirken.

4. In der Frage wegen Bemessung der Aichgebühren
braucht die Industrie nicht ängstlich oder engherzig zu
sein. Die Leiter der Elektricitätswerke werden in dieser
Richtung am sichersten urtheilen, und ich denke, sie werden
sich meinen vorstehenden Ausführungen nahezu anschliessen
können. Die Gebührenfrage muss vor allen Dingen so
geregelt werden, dass das Reich oder der Staat die aus-
schliessliche unmittelbare Verwaltung der Aichämter ohne
grosses finanzielles Risiko übernehmen kann. Ich glaube,

gezeigt zu haben, dass die Vermehrung der Kosten für die elektrische Arbeit weder für die Lieferanten noch für die Abnehmer, besonders wenn beide sich in dieselbe theilen wollen, irgendwie wesentlich ist, und dass trotzdem die Aichämter sich selbst erhalten können.

Sehr wesentlich ist aber in jeder Hinsicht, dass die Verwaltung des elektrischen Aichwesens von vorn herein einheitlich, sicher und einfach gestaltet wird. Das ist nur erreichbar, wenn diese Verwaltung so unmittelbar als möglich ohne unnöthige Zwischenbehörden, das heisst unter ausschliesslicher Zulassung staatlicher Aichämter stattfindet.

5. Dann kann auch die Wahl der Aichbeamten zweckentsprechend erfolgen. Es können nach einheitlichen Grundsätzen akademisch und praktisch vollständig ausgebildete Aichbeamte angestellt werden, welche durch eigene Urtheilsfähigkeit, durch das Gefühl eigener Verantwortlichkeit und im Vertrauen auf die sachliche Einsicht ihrer vorgesetzten Behörde der gesunden Weiterentwickelung des Aichwesens durch ihre stetige unmittelbare Berührung mit der Praxis mehr nützen werden, als irgend ein anderer Faktor.

6. Am wichtigsten aber ist es, dass die Verkehrsfehlergrenzen für elektrische Messgeräthe nicht, wie es für den bisherigen öffentlichen Verkehr nach Maass und Gewicht geschehen ist, auf Grund der Aichfehlergrenzen, das heisst auf Grund des rein theoretischen Gesichtspunktes der unter den vorliegenden Umständen möglichen Genauigkeit der amtlichen Prüfung geregelt werden, sondern dass sie bemessen werden, erstens nach der erfahrungsgemäss praktisch zulässigen Unsicherheit, und ferner derartig, dass unter Voraussetzung der ungünstigsten Fehlerkombination bei der Aichung von der Aichfehlergrenze bis zur Verkehrs-

fehlergrenze der erforderliche Spielraum für die technisch
zur Zeit nicht vermeidbare zeitliche Aenderung der Konstanten übrig bleibt. In dieser Hinsicht möge die Industrie
ihr ganzes Gewicht in die Wagschale legen, die Fabriken
elektrischer Messgeräthe mögen die vermeintlichen Fehler
ihrer Fabrikate mindestens verdoppeln, sie mögen Abstand
nehmen von dem nach meiner Erfahrung irrthümlichen
Glauben, richtige Messgeräthe bereits zu liefern, und besonders die in dieser Beziehung erfahrensten Leiter grosser
Elektricitätswerke mögen dahin wirken, dass Verkehrsfehlergrenzen geschaffen werden, die technisch innegehalten
und die im Verkehr praktisch ertragen werden können.

Alle Betheiligten aber mögen an diese weitaus wichtigste Frage herangehen in der Ueberzeugung, dass die
Reichsanstalt, die nach § 6 des Gesetzes in dieser Hinsicht
thatsächlich massgebende Behörde, wenn sie von der Industrie hinreichend beraten wird, nichts verlangen oder
dem Bundesrathe vorschlagen wird, was die Industrie nicht
erfüllen kann oder was der Verkehr nicht verlangt.

Wenn die vorstehenden Auseinandersetzungen zur
Folge haben, dass die Industrie die weittragende praktische
Bedeutung des „Gesetzes, betreffend die elektrischen
Maasseinheiten" erkennt und sich mit dessen Folgen vertraut
zu machen sucht, dass ferner die für die Ausarbeitung des
Gesetzes maassgebenden Behörden den Standpunkt fest-
halten, dass die zu erlassenden Verordnungen für die allen
Nachbarstaaten voranmarschirende deutsche elektrotech-

nische Industrie um so segensreicher sein werden, je mehr
sie sich den wirklichen praktischen Bedürfnissen anschliessen, und dass endlich Behörden und Industrie dem-
gemäss vorurtheilsfrei zusammenarbeiten, ohne an un-
wichtigen Meinungsverschiedenheiten in den gemeinsamen
Verhandlungen zu scheitern, so ist der wesentliche Zweck
dieser Abhandlung erreicht.

Druck von H. S. Hermann in Berlin.